易經王者策略

曾仕強教授 熱情推薦

本書將《易經》中道思維的三才之道觀、時位合和、經權之道、陰陽對立統一思想滲透在企業管理者的戰略決策過程中，對解決新經濟時代的企業戰略決策問題提供有益的借鑒。

陳志明 著

易經以中為吉的觀念，對中華民族產生十分巨大的影響。中庸之道是高度的藝術，倘若當做知識來看待，很容易造成折衷、走中間路線、不敢過分表現的扭曲。如果用現代的話來說，那就是我們心中所追求，口頭上也常講的合理。

中道思維，其實就是合理化的思維。我們達成決策，無非也在內外環境不斷變遷的情況下，尋求此時此地最為合理的平衡點。決策合理，執行、考核都合理，便是大家夢寐以求的合理化管理。依中華文化的說法，稱為中道管理。

人類文明的發展，是合理決策所積累的輝煌成果。歷史的興衰，普遍以此為依據，而有所起伏。

易經中道思維及其在決策管理之研究，對廿一世紀而言，尤顯更為重要。因為人類與生俱來，似乎具有偏道傾向。扶正不易，而東倒西歪，亦相當普遍。近兩百年來，由西方主導的科技發展，便是缺乏中道思維的導引，才導致今日難以挽救的種種亂象與惡果。為今之計，急需人人自求良策。只有發揚中道精神，力求善補過，庶幾可以無咎！

吉明先生多年來勤於研究，精於分析，不但蒐集很多資料，而且對中西決策管理，做出詳細的比較。有幸先睹為快，用特為之推薦。

曾仕強教授指正推薦

《易經》以「中」爲吉的觀念，對中華民族產生巨大的影響。中庸之道是高度的藝術，倘若當作知識來看待，很容易造成折衷，走中間路線，不敢過份表現的扭曲。如果用現代的話來說，那就是我們心中所追求，口頭上也常講的合理。中道思維，其實就是合理化的思路。我們達成決策，無非也在內外環境不斷變遷的情況下，尋求此時此地最爲合理的平衡點。決策合理，執行、考核都合理，便是大家夢寐以求的合理化管理。依中華文化說法，稱爲中道管理。

人類文明的發展，是合理決策所累積的輝煌成果。歷史的興衰，著實以此爲依據而有所起伏。《易經》中道思維及其在決策管理之研究，對二十一世紀而言，無疑更爲重要，因爲人類與生俱來似乎具有偏道傾向。扶正不易，而東倒西歪卻相當普遍。近四百年來，由西方主導的科技發展，便是缺乏中道思維的導引，才導致今日難以挽救的種種亂象與惡果。爲今之計，怨天尤人自非良策，只有發揚中道精神，力救善補過，庶幾可以无咎！

志明先生多年來勤於研究，精於分析，不但蒐集很多資料，而且對於中西決策管理，做出詳細的比較，有緣先睹爲快，因特爲之推薦。

《易經》中道思維及其在企業戰略決策中的應用研究

企業管理專業

研究生：陳志明　　指導教師： 揭筱紋

摘　要

企業家的戰略決策能力是企業成敗的關鍵。現代決策理論認為，管理的重心在經營，經營的重心在決策。決策正確，企業的生產經營活動才能順利發展；決策失誤，企業的生產經營活動就會遇到挫折，甚至失敗。同時戰略決策也是企業家最重要、最困難、投入精力最多和風險性最大的事情。一旦決策失誤，機會就變成了威脅，所有的努力都將化成泡沫。因此，企業家能否在紛亂複雜的環境中規避決策風險、運籌帷幄顯得尤其重要。

近年來，雖然引進了不少西方現代管理理論，但這些理論在我國企業的戰略決策實踐中大都出現了水土不服的現象。中國傳統文化強調人的作用，重視人與人之間關係的融合以及社會的和諧與穩定，形成了獨特的倫理文化。這一特點深刻影響了國人對於「戰略」的認識，尤其在涉及長遠利益、宏觀性和戰略管理方面。因此企業界對戰略決策管理理論的本土化創新提出了更高和更迫切的要求。

中華民族在幾千年的文明進程中，形成了以《易經》為代表的豐富管理文化。這些管理文化曾使古代中國由於出色的管理和創造，譜寫過世界文明史上極其光輝燦爛的一頁。本文正是希望通過對中國傳統文化的思想本源——《易經》的研究，綜合運用文獻研究法、多學科交叉研究法、歸納分析法和案例研究法等多種研究方法，將其蘊含的中道思維及其管理內涵加以提煉，在此基礎上構建基於《易經》中道思維的企業戰略決策模型，使西方決策理論本土化。

《易經》是一部「中」的哲學，整部經書都在告誡人們如何用「中」，以做到事事合理，取得「合適」的成功。從管理的角度來審視《易經》中道思維的哲學思想，我們也能得出其所蘊含的諸多管理內涵。（1）經權管理。決策是否正確，取決於管理者是否精於變與不變的法則。管理者要依內外情勢的變化而持變易之道。然而，變易又是天道的不易，變易也是人道的不易。不易是戰略，是目標，是方向，是原則，是持經；變易是戰術，是方法，是手段，是達權。管理者掌握經權之道，持經達權，方能有所變有所不變，通過戰術調節，達到戰略目標。（2）人本管理。管理是對人的活動協調，《易經》認爲，要達到管理目標，必須高度重視人的作用。在《易經》之中，對人才的重視集中表現在它的尚賢養賢的思想之中。（3）剛柔相濟。剛指陽爻，柔指陰爻，剛柔相推而生變化，此乃《易經》成卦之基礎。強調企業組織管理的「剛柔相推生變化」，也就是強調陰與陽、柔與剛的統一與和諧，而不是對立和鬥爭。就企業管理而言，要達到陰陽和德、剛柔有體的組織目標，首先必須處理好內部組織關係。既要建立明確的內部層級秩序，又要建立相互溝通的內部協調機制。同時，企業組織內部還要建立完備的監督機制，達到組織內部的制衡。（4）保合太和。《易經》所蘊涵的「保合太和」的管理價值觀和管理目標，啓發著管理者時刻保持憂患意識，自強不息，以化衝突爲和諧。

本文的研究包括以下三部分。

第一部分爲總論，包括緒論和相關理論綜述。第一章緒論，介紹了本文的研究背景、研究意義，論文的創新之處，論文的研究方法和研究思路；並對相關概念進行了界定。第二章文獻綜述，對《易經》中所蘊含的管理思想、中道思維及決策相關理論進行了總結，厘清了《易經》中所蘊含的管理思想、中道思維和決策理論相關研究的發展脈絡，發現了前人研究的進步與不足之處，爲下文基於《易經》中道思維戰略模型的構建研究夯實了基礎。

第二部分，《易經》中道思維與戰略決策模型研究，包括第三至六章。

第三、四、五章是本文的核心部分。第三章研究了《易經》中道思維的管理內涵。分析了《易經》體例、《易經》中道思維，通過理論和案例研究將中道思維管理內涵提煉爲四大方面：經權管理、人本管理、剛柔相濟、保合太和，並從企業家價值觀、柔性管理、社會責任、危機管理、企業文化五個方面探討了《易經》中道思維對企業經營管理者的啓示。第四章是《易經》中道思維與企業戰略決策理論，分析了中道思維與決策者素質、企業戰略決策之間的內在聯繫，得出了《易經》中道思維對企業戰略決策的啓示。第五章構建了基於《易經》中道思維戰略決策模型。在分析《易經》中道思維決策模式與西方管理決策模式的基礎上，構建了《易經》中道思維戰略決策模型，並詳細論述了此決策模型的特點及應用法則。

第六章爲案例研究。本章選取康師傅和統一集團兩家著名臺灣企業作爲研究對象，分析了它們在發展歷程中的眾多戰略決策行爲與《易經》中道思維戰略決策模型過程和特點的耦合性，驗證了本文構建的戰略決策模型。

第三部分，結束語。第七章對本文的研究結論作了總結，指出了研究的局限性，並對未來的研究進行了展望。

論文的創新點主要集中在以下幾方面。

（1）研究視野創新

本文將西方戰略決策理論與《易經》中道思維相結合，構建出基於《易經》中道思維的戰略決策模型。將《易經》中道思維的三才之道觀，時位合和，經權之道，陰陽對立統一思想滲透在企業管理者的戰略決策過程中。同時結合新經濟時代的管理挑戰，分析《易經》中道思維哲學思想，對解決新經濟時代的企業戰略決策問題提供有益的借鑒。一方面，從《易經》中道思維的角度來研究企業的戰略決策，豐富了企業戰略決策理論的內涵，爲企業戰略決策理論研究提供了一種新視野；另一方面，也拓展了《易經》中道思維的應用範圍，對《易經》中的管理哲學以及東方管理理論的發展提供了新方向。

（2）將《易經》中道思維的管理內涵運用到了戰略決策過程

本文將《易經》中道思維的管理內涵：經權管理、人本管理、剛柔相濟等作爲戰略決策原則運用到了決策過程中的分析問題、制定決策和執行決策三個最關鍵的階段，並以保合太和做爲最高決策原則和最高管理目標，將《易經》中道思維的管理精髓運用到企業的戰略決策管理之中，尤其重視由高素質人才組成的領導執行團隊的作用。從人性角度完善了傳統的科學決策程序，將人性因素加入到企業的戰略決策之中，因此其決策不單純是理性和知識性的，也是智慧性和整體性的。

（3）構建了基於《易經》中道思維的戰略決策模型並探索了具有中國傳統文化特色的企業戰略決策模式

結合當前國內企業決策現狀，在對西方戰略決策理論和《易經》中道思維研究的基礎上，本文對具有中國傳統文化特色的企業戰略決策模式進行了研究。具有中國特色的戰略決策模式的出現及發展，都具有不同於西方一般性戰略決策理論的特點，具有中道思維特色的戰略決策模式導致了特殊的戰略決策行爲。基於《易經》中道思維的戰略決策模型在理論體系的建構上，體現了古今貫通和中西結合。本文通過系統分析兩個典型企業對《易經》中道思維戰略決策模型的運用，論證並強調了模型的現實可操作性。

基於《易經》中道思維的戰略決策模型，將《易經》中道思維用於指導企業的戰略決策行爲。企業決策者在對企業現狀及其存在問題分析的基礎上，運用《易經》中道思維戰略決策模型進行戰略決策，有助於提高企業戰略決策行爲的科學性和合理性。基於《易經》中道思維戰略決策模型的設計思想中，也強調對決策者及員工素質的重視和企業文化建設的關注，將企業的發展與人的潛能開發、企業戰略決策行動的需求與人的素質緊密聯繫起來，有助於推動決策者及員工對戰略決策思維模式的轉變。同時基於《易經》中道思維戰略決策模型中提出的企業戰略決策的應用準則，可以幫助企業對其戰略決策行爲進行檢查，結合針對戰略決策行爲的績效評估，找出現階段企業戰略決策管理上存在的問題和不足，並有針對性的提高完善，從而爲企業後續戰略決策能力的提高打下堅固的基礎。

希望本文研究所構建的中道思維戰略決策模型，能爲我國企業的戰略決策行爲提供理論支援，爲企業戰略的實踐提供有益的幫助。同時希望本文的研究能夠起到拋磚引玉的作用，讓更多的學者關注並繼續研究《易經》中道思維及其對戰略決策管理理論的指導意義。

關鍵字：易經　中道思維　戰略決策　決策者素質　決策模型

Zhong Dao Thinking of Yi Jing and Its Application Study on Enterprise Strategic Decision-making

Discipline：Business Management

Postgraduate：：Chen Zhiming　Faculty adviser：Jie Xiaowen

Abstract

The strategic decision-making ability is the key of enterprises' performance. The modern decision-making theory of Rand Corperation presented that management should be focused on operation, while operation on decision-making. The enterprise can develop only with the right decision, and would be faced with frustration even fail with the wrong one. Meanwhile, the strategic decision-making is also the most important and difficult thing to which entrepreneurs would pay most attention. Once the decision is wrong, opportunity would become threat and all efforts to nothing. Therefore, it is particular important for the entrepreneur to avoid risk and strategize in the complicated environment.

In recent years, although the introduction of a number of western modern management theories, most of them did not adapt to the practice of enterprises in China. Traditional Chinese culture emphasizes the function of human and stresses the integration of interpersonal relations and social harmony and stability, which formed a unique culture of ethics. This feature made a profound impact on the people for the "strategic" awareness, particular in relation to long-term interest macro and strategic management. Therefore, the business field made the higher and more urgent requirements to the local innovation in strategic decision-making management theory.

China formed the rich culture in the course of cultural evolution represented by *Yi Jing*. The management culture once made ancient China create the write-off of the most brilliant chapter in the history of civilization based on the outstanding management and craftsman. This paper studied the ideological origins of traditional Chinese traditional culture *Yi Jing* to refine the Zhong Dao Thinking in it using literature research, interdisciplinary research, inductive analysis and case studies and so on. Based on this, this paper built enterprises strategic decision-making model, which made western decision theory localized into Chinese-style management model of strategic decision, and then used case analysis to support the model.

Yi Jing is a philosophy about "Zhong". It warned people how to use "Zhong", do the things reasonably, and abtain the "right" success. We can draw many implications of management if we look at this book from a managerial point of view. (1) Jing Quan management. Zhou Yi is a book about Tai Ji, which Tai Ji about dicision-making. Jing Quan is a theory about often and change. Whether the decision is correct depends on the ability of managers in using principle of Jing Quan, i.e. manager should change in accordance with the internal and external environment. However, change is often out of the control of natural laws and humanity. Often means strategy, objective, orientation and principle, while change tactics, methods, and means. Only when the managers grasp Jing Quan principle, enterprises can get to the strategic orientation through tactics adjustment ；（2）People oriented management. Management is the coordination of people activities, "Zhou Yi" presented the importance of human resource in order to achieve management objective, represented by the thinking of stressing the importance and education of talents ；（3）Couple hardness with softness. Hardness means Yang Yao, while softness Yin Yao, both of which effect with each other and form the basis of Gua in *Zhou Yi*. The idea suggests management activities in enterprise should be unity of Yin and Yang, hardness and softness, but not confrontation and struggle. Managers in organizations should handle the internal relations first in order to achieve the objective of integrating hardness and softness character. They should build both clear internal hierarchical order and internal coordination mechanism of interpersonal communication. Meanwhile, the comprehensive internal monitoring mechanism should be established to get to the balance in organization ；（4）Maintaining harmony and balance. The management value view and objective pursuit of maintaining harmony and balance in *Yi Jing* inspired managers to maintain awareness of unexpected development, sense of self-improvement, to transform conflict into harmony and balance.

This study includes the following three parts.

The first part is general remarks, including introduction and related theories. The first chapter introduced the research background, research significance, innovations, research method and ideas, and defined the related concepts. The second chapter concluded the management sense, Zhong Dao thinking and Decision-making theory included in *Yi Jing*, cleaned up their related research and found improvements and weakness, and tamped foundation for the building of Zhong Dao thinking strategic model based on *Yi Jing*.

The second part is Zhong Dao thinking and strategic decision-making model research, including from the third to sixth chapter.

The third, forth and fifth chapters are the core of this paper. The third chapter studied the content of Zhong Dao thinking presented in *Yi Jing*, analyzed the style of *Yi Jing*, and divided Zhong Dao thinking into four aspects: Jing Quan management, human-oriented management, combination hardness with softness, and maintaining harmony and balance, and discussed the enlightenment of Zhong Dao thinking to enterprise strategic decision-making from the aspects of entrepreneur value, soft management, social responsibility, crisis management and enterprise culture. Chapter four referred to the relation discussion of Zhong Dao thinking and enterprise strategic decision-making, analyzed the internal relation among Zhong Dao thinking, decision-maker quality and enterprise strategic decision-making, and concluded that what the inspiration is Zhong Dao thinking of *Yi Jing* to enterprise strategic decision-making. Chapter five built the strategic decision-making model based on the Zhong Dao thinking and discussed its character and application principles based on the analysis of Zhong Dao thinking model and western management model.

Chapter six refers to case studies. This paper chose two of famous enterprises in Taiwan as the research objects, analyzed the coupling of variable strategic decision-making activities in their development course and strategic decision-making model operation, to inspect and verify the model built in this paper.

The third part is conclusion. Chapter seven concluded this study, pointed out the limitations and looked ahead the future research.

The innovation of the paper focused on the following aspects:

(1) Innovative Research Perspective. This paper connected western strategic decision-making theory with the Zhong Dao thinking of *Yi Jing* and built the strategic decision-making model based on it, in which this paper brought the Zhong Dao thinking of *Yi Jing* like “the three powers of

Taoist thought", "harmony between time and space", "principle of change and stability", and "The unity of opposites", to the course of entrepreneur strategic decision-making. Meanwhile, it analyzed the Zhong Dao thinking of *Yi Jing* combining with the challenge in New Economy Era, and provided useful reference for settling down the enterprise strategic decision-making problems in New Economy Era. On one hand, this paper enriched the content of enterprise strategic decision-making theory and provided a new perspective for related research by choosing Zhong Dao thinking in *Yi Jing* as the point of view to study enterprise strategic decision-making; on the other hand, this paper expanded the application scale of Zhong Dao thinking of *Yi Jing*, and provided new orientation for development of management theory in *Yi Jing* and eastern management theory.

(2) This paper applied essence of Zhong Dao thinking, i.e.Jing Quan management, people-oriented management, and combination harness with softness, in the three key phrases of decision-making, i.e. problem analysis, decision-making and decision-operation, and considered maintaining harmony and balance as the most important principle and objective. Meanwhile, this paper took advantage of essence of Zhong Dao thinking of *Yi Jing* in enterprise strategic decision-making management, and stressed the function of executive leader group organized by high-quality talents, And also, it perfected the traditional science decision-making procedure from the perspective of humanity ,which was added into the enterprise strategic decision-making that that would not be only pure rational and knowledgeable, but full of wisdom and integration.

(3) This paper built the strategic decision-making model based on Zhong Dao thinking of *Yi Jing*, and explored the strategic decision-making model with Chinese traditional culture.

This study of enterprise strategic decision-making model with

Chinese traditional culture was based on western strategic decision –making and Zhong Dao thinking of *Yi Jing*. It was the choice after considering the difficulties faced by western strategic decision-making theories and enterprise decision activities in China. The appearance and development of decision-making model with traditional Chinese characters had different features with general strategic decision-making theories, which led to the special strategic decision-making activities with Zhong Dao thinking. The construction of this model presented the combination of old and modern, the western and eastern. This paper discussed and emphasized the practical usage of this model by analyzing two typical enterprises that made decision-making using Zhong Dao thinking of *Yi Jing*.

The strategic decision-making model based on Zhong Dao thinking of *Yi Jing*, presented the application of Zhong Dao thinking in guiding enterprises' strategic decision-making activities. The decision makers can improve the scientificalness and rationality of enterprise decision-making activities by using Zhong Dao thinking based on the analysis of enterprise situation and existing problems.

The design of this model stressed the importance of quality of decision makers and emploees, and construction of enterprise culture. It related the development of enterprise with people potential, demand of enterprise strategic decision-making activities and people quality, which would be helpful for promoting the transformation of strategic decision-making sense of managers and employees.

Meanwhile ,the application principles of enterprise strategic decision-making based on the model in this paper can help to examine their decision-making activities, find the existing problems and weakness in course of strategic management, considering the performance assessment on enterprise strategic decision-making activities ,and lay a solid foundation for enterprise continuous strategic decision-making ability. The author hoped that the model built by this study could support enterprise decision-making activities theoretically and practically in China, and also hoped this paper can serve as a modest spur to induce others to come forward with valuable contributions and attentions to the Zhong Dao thinking of *Yi Jing* and its guidance on strategic decision-making theories.

Key words: Yi Jing；Zhong Dao thinking；Strategic Decision-making；Quality of decision-maker；Decision-making model

CONTENTS

目　錄

CONTENTS

目 錄

CONTENTS

第一章　緒論

1.1 研究背景與意義

1.1.1 研究背景

隨著資訊技術的突飛猛進和廣泛應用，經濟全球化進程的加快，市場競爭日趨激烈，企業面對的內外部環境更加惡劣多變，挑戰更加嚴峻。爲了應對這些變化，企業必須快速反應、靈活應變。但組織中等級森嚴的官僚體制，常常導致企業戰略決策行爲反應遲鈍和不合時宜，降低了組織競爭力。企業戰略決策是企業經營成敗的關鍵，關係到企業的生存和發展。企業的戰略決策管理活動會涉及到管理者的價值觀、思維方式、社會環境乃至個人經驗。

近年來，我們引進了不少西方現代管理理論。西方管理理論宣揚理性、崇尚科學，這些理性、線性、確定的管理模式在中國企業界進行戰略決策時，往往出現水土不服和不適應。而與西方理性模式形成鮮明對照的東方非理性文化模式，主張人與自然的「天人合一」，不主張向外探求征服，而注重自我修養和內心世界的平衡，強調人與人之間關係融合以及社會的和諧與穩定。中國傳統文化強調人，尤其強調在人際關係中建立個人、社會乃至國家的管理認識，形成了獨特的倫理文化。這種特點深刻影響了國人對於「戰略」的認識，在涉及長遠利益、宏觀性和戰略管理方面，它突出表現爲對於管理者智慧、精神和價值觀的高度重視，形成了與傳統文化息息相關的，豐富而獨特的知識體系，因此對戰略決策管理理論的本土化創新，提供出了更高和更迫切的要求。

西方理性管理鑒於對戰略決策管理複雜系統的深刻認識，管理領域正在從純理性主義的科學管理，轉變爲關注理性與非理性相融合的管理模式。從管理的自身發展歷程上來看，二十一世紀將由模糊科學管理走向哲理精確細化的高層次科學管理，這種發展趨勢必然要求管理哲學的興起和文化的回歸。正如伊利亞・普里高津所主張的，現在科學革命要把強調實驗、分析和定量公式描述的西方科學傳統，同強調整體的協調與協作關係的中國傳統哲學結合起來，以達到新的綜合。當前這場由資訊技術所引發的革命，讓我們重新反醒並認識到我國古代傳統哲學中強調修己安人、保合太和的「和合」思想的睿智，也相信這裡必將是培育新戰略決策管理理論的沃土。

管理大師彼得・杜拉克一再強調：「管理是以文化爲轉移的，並且受其社會的價值、傳統與習俗的支配。」中國是個有著五千年悠久歷史的國度，有獨特的風土民情習慣。心理學家指出：「行爲是人與環境交互作用的函數」；我國易學也認爲「要判斷一個人的行爲，必須依據這個人的本質及其所處的環境」。中外環境既不相同，管理人的方法以及決策的模式，當然不能完全效仿西方，務必加以適當的調整。無數的事實證明，管理科學只有和當地的文化及風土人情結合在一起，其效力才能夠增強。

羅素早在1922年的《中國問題》一書中，就希望中國能保持住自己的文化，他認爲如果中國丟棄了自己的文化，將是人類的一個大悲劇，也只不過是「徒增一個浮躁好鬥、智力發達的工業化、軍事化國家而已，而這些國家正折磨著這個不幸的星球」。所以，羅素告誡中國人，中國文化應該避免兩個極端：一是全盤西化，走上西方的同一道路；二是文化保守主義，拒斥外來文化。當代美國著名管理學家彼得・聖吉在中文版《第五項修煉——學習型組織的藝術和實務》的序言中特別評述到，「你們（中國）的傳統文化中，仍然保留了那些以生命一體的觀念來瞭解萬事萬物運行的法則，以及對於奧秘的宇宙萬物本原所體悟出極高明、精微和深廣的古老智慧結晶」。因此，不難理解爲何近些年來中外學術界、企業界興起對《易經》、《老子》、《論語》、《孫子兵法》等中國古典書籍的研究熱，這是管理發展趨勢的反映。很多管理專家已經認識到《易經》本質上是一種哲學，是以《易經》及易學中道思維爲核心的管理哲學。引入中國古代管理哲學是想解決一個視野的問題，既要能解決企業戰略面臨的實際問題，同時也必須與管理發展的一般趨勢相適應。這個視野不僅對認識中國企業管理很重要，而且對認識當今西方的管理發展也很重要。從管理自身發展的歷程來看，二十一世紀將由模糊科學管理走向哲理精確細化的高層次科學管理，這種發展趨勢必然要求管理哲學的興起和文化的回歸。

然而，我們在吸收西方先進管理理論、技術的過程中，必須要考慮到承載該理論和技術的社會文化、該社會文化與我們固有的文化之間的差異，以及我們應該採取哪些措施來彌合這一差異，並對其修正，使其植根於或滲透入民族文化之中，這樣才能發揮其最大效用。惟有如此，才能找到解決西方管理理論水土不服的良藥。將我們傳統文化的精髓植入所引進的西方管理理論或技術中，使之融爲一體，相得益彰，發展出具有中國特色的現代管理理論。

另一方面，美國經濟的快速發展得益於「美國式管理」，日本經濟的快速起飛受益於「日本式管理」，任何一種經濟的快速發展，其背後必定有一種深厚的文化和管理哲學作爲支撐。改革開放後的中國在短短的時間內實現了經濟的飛速發展，並已受到世界的矚目。中國傳統文化本身蘊含著豐富的管理哲學和管理思維，而眾多學者認爲中國式的管理哲學和思維一定有其特色和價值，這些中國式管理哲學和思維，是中國經濟短時間內飛速發展的一個重要原因，值得我們對其進行提煉和總結。而自古以來《易經》被推崇爲「群經之首」，稱讚它是「中華傳統文化的源頭活水」。清代乾隆年間修成卷帙浩繁的《四庫全書》，在《四庫全書總目提要》中指出：「易道廣大，無所不包，旁及天文、地理、樂律、兵法、韻學、算術、以逮方外之火，皆可援易以爲說，而好異者又援以入易，故易說愈繁」。《易經》被認爲是中華文化的根基，中華文化特有的思維模式、倫理觀念、價值系統、本性特質等都可以從《易經》中找到自己的源頭。

本文正是希望通過將中國傳統文化的思想本源《易經》作爲研究方向，試圖將其中蘊含的中道思維加以提煉，以便對西方的戰略決策管理理論進行指導。在此基礎上構建基於《易經》中道思維的企業戰略決策模型，使西方決策理論本土化，形成具有中國傳統特色的戰略決策模式。同時也希望，本文的研究能夠起到拋磚引玉的作用，讓更多的學者關注《易經》中道思維及其對企業戰略決策的指導意義。

1.1.2 理論意義

戰略決策直接影響到企業的生存和發展，一直是國內外學者研究的焦點，並形成了比較系統的企業戰略決策理論。中華民族在幾千年的文明進程中，以博採眾長的開闊胸襟，不斷提煉和整合東方各國優秀的管理文化，形成了以《易經》、道家、釋家、儒家、法家、墨家、兵家和伊斯蘭教有關管理思想和方法爲主體的管理文化。這種管理文化曾使古代的中國由於出色的管理和創造，譜寫過世界文明史上極其光輝燦爛的一頁。《易經》中道思維更像一顆璀燦的明珠，在華夏文明的發展歷程中熠熠生輝。然而，通過對文獻資料的梳理發現，目前國內外關於戰略決策理論以及《易經》中道思維的研究，大多集中在各自領域，將兩者結合起來的研究可謂鳳毛麟角。

《易經》是一部「中」的哲學，整部經書都在告誡人們如何用「中」，做到事事合理，取得「合適」的成功。從管理的角度來審視《易經》中道思維的哲學思想，我們可以得出其所蘊含的諸多管理內涵。本文通過文獻研究法、多學科交叉研究法、歸納分析法和案例研究法等，通過對《易經》中所蘊含的決策思想和西方決策理論的梳理，並對各自特點進行總結與比較，試圖將《易經》中蘊含的中道思維加以提煉。在此基礎上構建基於《易經》中道思維的企業戰略決策模型，使西方決策理論本土化，並運用案例對《易經》中道思維的戰略決策模型進行佐證。一方面，從《易經》中道思維的角度來研究企業的戰略決策，將《易經》中道思維所蘊含的決策思想和西方決策理論相結合，豐富了企業戰略決策理論的內涵，爲企業戰略決策理論研究提供了一種新視野；另一方面，也拓展了《易經》中道思維的應用範圍，有助於弘揚中國傳統文化，對《易經》中的管理哲學以及東方管理理論的發展提供了新方向。希望這種具有中國傳統文化特色的戰略決策模型，能有助於企業高層管理者進行戰略決策，對企業的戰略決策過程進行指導，以提升企業的戰略決策水準。

1.1.3 現實意義

《易經》作爲中國傳統文化的源頭，其思想影響了一代又一代的炎黃子孫。但當前在我國企業戰略決策行爲過程中，存在缺乏傳統哲學思維的有效指導，缺少對《易經》中道思維的提煉及運用等問題，影響著我國企業的戰略決策行爲。面對企業戰略決策行爲的複雜性及國人價值觀念、行爲習慣的特點，研究《易經》中道思維及其所蘊含的決策思想，將其提煉總結並與西方的戰略決策理論相結合，以形成具有中國特色的戰略決策理論，對提高企業戰略決策效果，指導企業決策具有重要的現實意義。

一方面，爲國內企業的戰略決策行爲提供指導方法。企業決策者通過對企業現狀及其存在問題的分析，依據基於《易經》中道思維戰略決策模型進行戰略決策，有助於提高企業戰略決策行爲的科學性和合理性。另一方面，可以推動決策者及員工對戰略決策思維模式的轉變。基於《易經》中道思維戰略決策模型的設計思想中，強調對決策者及員工素質的重視和企業文化建設的關注，將企業的發展與人的潛能開發、企業戰略決策行爲的需求與人的素質緊密聯繫起來，爲促進決策者及員工思想的轉變起到一定的推動作用。此外，也有助於企業發現戰略決策管理中存在的問題。基於《易經》戰略決策模型中提出的企業戰略決策的應用準則，可以幫助企業對其戰略決策行爲進行檢查，結合針對戰略決策行爲的績效評估，找出現階段企業戰略決策管理上存在的問題和不足，並有針對性的提高完善，從而爲企業戰略決策能力的提高打下堅固的基礎。

希望通過本文的研究，爲我國企業的戰略決策行爲提供理論支援，同時爲企業戰略的實踐提供有益的借鑒。

1.2 創新之處

論文的創新點主要集中在以下幾方面。

（1）研究視野創新

本文將西方戰略決策理論與《易經》中道思維相結合，構建出基於《易經》中道思維的戰略決策模型。首先提煉出《易經》中道思維的基本內涵，具體包括《易經》三才之道觀，時位和合，經權之道，陰陽對立統一思想等，這爲後續的深入分析打下了堅實的哲學基礎。這些中道思維的基本思想，滲透在企業管理者的戰略決策過程中，在當今的管理實踐中潛移默化地發揮著作用。同時結合新經濟時代的管理挑戰，分析《易經》中道思維哲學思想，對解決新經濟時代的企業戰略決策問題提供有益的借鑒。一方面，從《易經》中道思維的角度來研究企業的戰略決策，豐富了企業戰略決策理論的內涵，爲企業戰略決策理論研究提供了一種新視野；另一方面，也拓展了《易經》中道思維的應用範圍，對《易經》中的管理哲學以及東方管理理論的發展提供了新方向。

（2）將《易經》中道思維的管理內涵運用到了戰略決策過程

本文將《易經》中道思維的管理內涵：經權管理、人本管理、剛柔相濟等作爲戰略決策原則，運用到了決策過程中的分析問題、制定決策和執行決策三個最關鍵的階段，並以「保合太和」做爲最高決策原則和最高管理目標。從人性角度完善了傳統的科學決策程序，將人性因素加入到企業的戰略決策之中，因此其決策不單純是理性和知識性的，也是智慧性和整體性的。

（3）構建基於《易經》中道思維戰略模型，探索具有中國傳統文化特色的企業戰略決策模式

本文對具有中國傳統文化特色的企業戰略決策模式的研究，是基於西方戰略決策理論和《易經》中道思維，在對西方戰略決策理論和當下國內企業決策行爲研究基礎上而所做出的選擇。具有中國特色的戰略決策模式的出現及發展，都具有不同於西方一般性的戰略決策理論的特點，特色的戰略決策模式導致了特殊的戰略決策行爲。

基於《易經》中道思維的戰略決策模型在理論體系的建構上，體現了古今貫通和中西結合。它不僅關注現代管理活動的特點和發展趨勢，同時也吸收了中國古代哲學思想的精華；既借鑒了西方先進的管理科學，又注重反映中國國情和民族文化傳統；在體現理論普適性的同時，又能針對中國自己的問題形成獨具中國特色的解決方法；另外，還注意到自然科學研究結果對管理研究的啓發和借鑒，以及組織管理活動的人文特色，並力求二者的有機整合。最後通過系統分析兩個典型企業對《易經》中道思維戰略決策模型的運用，論證並強調了模型的現實可操作性。

1.3 研究方法與研究思路

1.3.1 研究方法

本文旨在探討《易經》所蘊含的中道思維，並將其用於指導企業的戰略決策，構建具有中國特色的戰略決策模型，形成中國本土化的決策管理模式。基於前人的研究，本文的研究方法包括文獻研究法、多學科交叉研究法、歸納分析法和案例研究法。

（1）文獻研究法

在2008-2009年間，本人查閱了大量的中、外文文獻，對西方戰略決策理論及《易經》中道思維的相關研究進行了梳理，厘清了戰略決策理論和《易經》中道思維的研究歷史以及現狀。具體內容包括《易經》決策思想、《易經》中道思維、戰略管理理論等，對《易經》中道思維的發展脈絡、主要內容和基本觀點進行了基本的瞭解和把握，爲本文研究打下了堅固的基礎。

（2）多學科交叉研究法

本文綜合了管理學、哲學、倫理學的相關知識和原理。很多概念本身就是跨學科的，需要吸收兩個學科的知識，加以創造性地整合，才可以定義。比如，戰略決策、管理者道德修養等。還有，哲學的引入，爲管理思想的提煉打下方法論、認識論的基礎，使得《易經》中所蘊含管理思想的提煉更具科學性，同時倫理學的引入，有助於歸納《易經》戰略決策管理思想的主要特徵，以及提煉《易經》管理思想的方向及側重點的把握。

（3）歸納分析法

本文首先提煉《易經》中蘊含的戰略決策管理思想，然後進行理論總結和概括，找到和西方戰略決策管理思想的相同點，並將其進行現代轉化。雖然提煉出來的管理思想可以應用到現實管理實踐中，但顯得很零碎，沒有系統性。例如，對《易經》所蘊含的某一職能的管理思想的概括和總結，經過現代轉化可以應用於現代管理實踐，但在理論層面上還不夠系統和理論化。因此本文將對這些管理思想進行總體概括和總結，歸納出《易經》戰略決策思想的主要特徵。

（4）案例分析法

案例分析法是一種定性的分析方法，該方法適用於對現實中某些複雜和具體的問題進行深入而全面的考察。通過對典型案例的描述和分析，以發現或探求一般規律和特殊性，進而指導得出研究結論和研究命題。案例大多來自於實踐，是對客觀事物的眞實反映。[1] 案例研究中，作爲研究素材的一個或多個案例本身是研究的一部分，對案例的收集、整理和敘述本身，體現著研究者的研究志趣和研究立場，但案例本身並不是理論，而在研究者對案例素材進行分析、解釋、判斷

---

[1] 喬坤，馬曉蕾.論案例研究法與實證研究法的結合[J].管理案例研究與評論，2008，1：63-67.

和評價時，不可避免地要回到自己的理論假設或者理論取向，從而形成特定的理論，因此，案例研究是從具體經驗事實走向一般理論的一種研究工具。2

本文單獨用一章的篇幅來專題研究案例，在案例研究過程中，強調了基於《易經》中道思維戰略決策模型的可操作性，案例的使用使得原本顯得有些生硬的理論研究更加生動，同時通過案例分析，可以透露《易經》蘊含的中道思維的管理思想的精要之處，這對於《易經》中道思維在指導企業的戰略決策行爲這一現實操作上具有啓發意義。

---

2 王金紅.案例研究法及其相關學術規範[J].同濟大學學報（社會科學版），2007，3：87-94.

1.3.2 研究思路

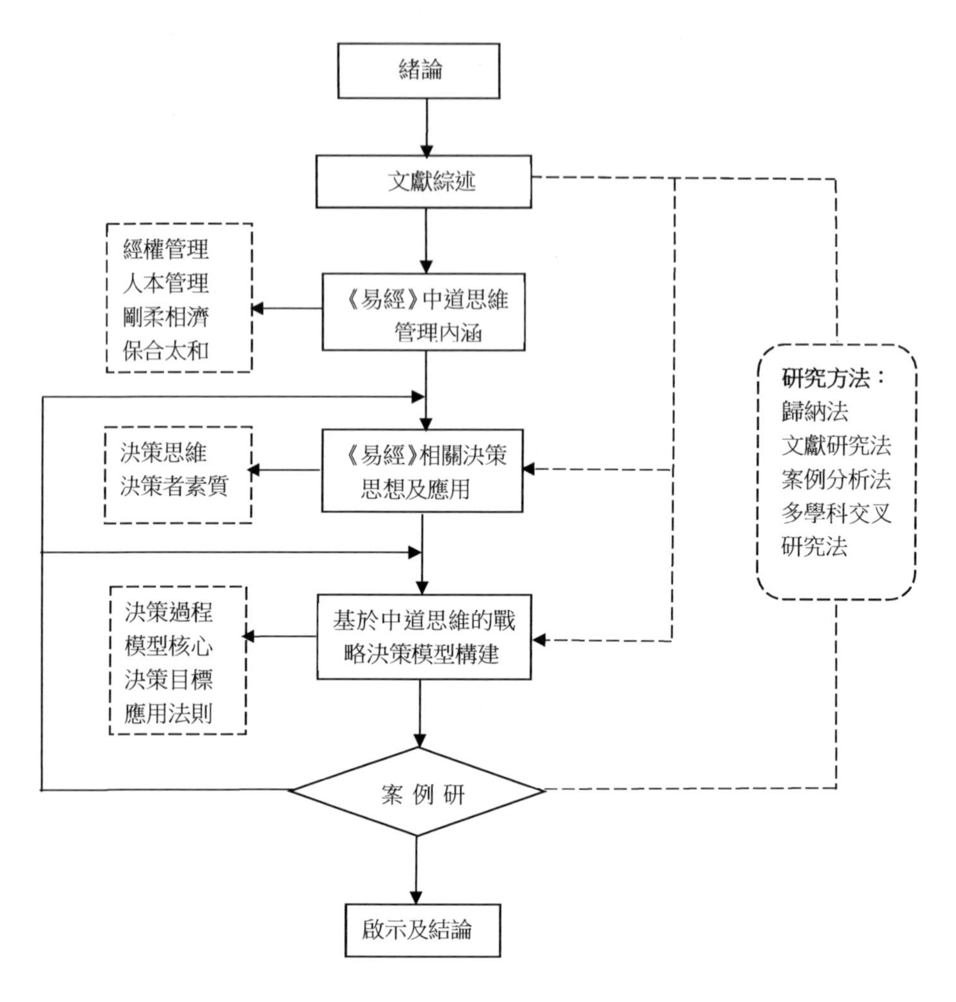

圖1-1　論文研究思路

1.4 論文結構

本文主要分爲三大部分，共七章。

第一部分爲總論，包括第一、二章。第一章緒論，介紹了本文的研究背景、研究意義，論文的創新之處，論文的研究方法和研究思路，並對相關概念進行了界定。第二章文獻綜述，對《易經》中所蘊含的管理思想、中道思維及決策相關理論進行了總結，厘清了《易經》中所蘊含的管理思想、中道思維和決策理論相關研究的發展脈絡，發現了前人研究的進步與不足之處，爲下文基於《易經》中道思維戰略模型的構建研究夯實了基礎。

第二部分爲分論，包括第三至六章，分別探討了《易經》中道思維的管理內涵，《易經》中道思維與戰略決策，基於《易經》中道思維戰略決策模型的構建以及案例研究，等等。

第三、四、五章是本文的核心部分。第三章著重研究了《易經》中道思維及其對企業經營管理者的啓示，將《易經》中道思維內涵歸納爲經權管理、人本管理、剛柔相濟、保合太和，並從企業家價值觀、柔性管理、社會責任、危機管理、企業文化這五個方面，探討了《易經》中道思維對企業經營管理者的啓示。這些要點在案例分析中都得到了很好的體現，從而使得理論研究更加具體化。第四章是《易經》中道思維與企業戰略決策理論，研究了中道思維與決策者素質、企業戰略決策之間的內在聯繫；第五章在分析比較《易經》中道思維決策模式與西方管理決策模式的基礎上，構建了《易經》中道思維戰略決策模型，並詳細論述了此決策模型的特點及應用法則，從而找到了適合國內企業戰略決策的行爲路徑。

第六章是案例研究。本文選取統一集團和康師傅兩家著名臺灣企業作爲研究對象，分析了它們的發展歷程中眾多戰略決策行爲和《易經》中道思維戰略決策模型過程與特點的耦合性，最終對本文構建的戰略決策模型進行了檢驗。

第三部分即第七章是研究總結與展望。本章中總結了研究的結論，指出了研究的局限性，對未來的研究進行了展望。

1.5 相關概念界定

1.5.1 《易經》

根據資料的記載和零星考古發現，《易經》總共有三部，即所謂的「三易」：

一是《連山》，產生於神農時代的《連山易》，是首先從「艮卦」開始的，象徵「山之出雲，連綿不絕」。二是《歸藏》，產生於黃帝時代的《歸藏易》，則是從「坤卦」開始的，象徵「萬物莫不歸藏於其中」，表示萬物皆生於地，終又歸藏於地，一切以大地爲主。三是《周易》，產生於殷商末年的《周易》，是從「乾、坤」兩卦開始，表示天地之間，以及「天人之際」的學問。

《連山易》和《歸藏易》的年代比《周易》早，但都已經失傳。《周易》則出現得較晚，現代易學研究者普遍認爲《周易》是由上古（約六千年前）伏羲氏始創，然後由中古（約三千年前）周文王和周公作重卦並作爻辭，近古孔子作「十翼」完成注釋，即所謂的「易歷三聖，世歷三古」。

但《周易》又分爲兩部分，一部分是「本經」，大約形成於西元前十一世紀的殷商末年，另一部分叫「傳」，也稱爲「易傳」，大約形成於春秋戰國時期，最晚在西漢時期，「易傳」實際上是對「本經」的進一步闡述。下面對《周易》「本經」和「易傳」內容作簡單介紹。

（1）《經》分爲《上經》和《下經》。《上經》三十卦，《下經》三十四卦，一共六十四卦。六十四卦是由乾、坤、震、巽、坎、離、艮、兌這八卦重疊演變而來的。每一卦由卦畫、標題、卦辭、爻辭組成。每個卦畫都有六爻，爻又分爲陽爻和陰爻。陽性稱爲「九」，陰性稱爲「六」。從下向上排列成六行，依次叫做初、二、三、四、五、上。六十四個卦畫共有三百八十四爻。標題與卦辭、爻辭的內容有關。卦辭在爻辭之前，一般是說明卦義的作用；爻辭是每卦內容的主要部分，根據有關內容按六爻的先後層次安排。

（2）《傳》一共七種十篇，也稱爲「十翼」，包括《彖》上下篇、《象》上下篇、《繫辭》上下篇、《文言》、《說卦》、《雜卦》和《序卦》。

①《彖》是專門對《易經》卦辭的注釋。

②《象》又分爲大象和小象，大象是對卦象的說明，小象是對《易經》每一個爻辭的注釋。

③《文言》則專門對乾、坤二卦進行頌揚和進一步的解釋。

④《繫辭》與《彖》、《象》不同，它不是對《易經》的卦辭、爻辭的逐項注釋，而是對《易經》的整體評說。它是整部《易經》的中心思想，是典型的哲學著作，系統、全面地論述了《易經》的整體思想，其中包括《易經》的理論核心，即「一陰一陽之謂道」，《易經》的哲學範式「兩儀生四象，四象生八卦」，以及《易經》的「辭變象占」四大功能。同時，它闡發了許多從《易經》本義中看不到的思想，是《易經》的哲學綱領，其內容博大精深。

⑤《說卦》是對八卦卦象的具體說明，是研究術數的理論基礎之一。

⑥《雜卦》則是將六十四卦，以相反或相錯的形態、兩兩相對的綜卦和錯卦，從卦形中來看卦與卦之間的聯繫。

⑦《序卦》則講述了六十四卦的排列次序及演變的關係。

綜上所述，狹義上所說的《易經》是指並不包括《易傳》的在內的六十四卦爻辭，而廣義上所說的《易經》即將《周易》本經和易傳看成一個整體。本文所指的《易經》採用廣義上說法，即《易經》包括《經》和《傳》兩大部分。

1.5.2 中道思維

關於《易經》「中道」的思想，前人有許多評述，如惠棟在《易例上》指出：「《易》尚中和」。錢基博在《四書解題及其讀法》也說：「《易》六十四卦，三百八十四爻，一言以蔽之，曰『中』而已矣」。

本文從卦爻辭、卦位、時位等角度闡述了中道思維。

（1）《易經》的中道思維除以卦辭、爻辭「中」、「中行」和「中孚」等概念表明外，又用爻位來顯示，中爻處於每一卦的中心、關鍵地位。這是其他儒家經典中闡明一種主張、思想所沒有的方式，因而是十分特殊的。

（2）「中道」既是揭示事物發展變化的態勢和規律，認爲只有保持「中道」，才會順利亨通，合乎規律；又給人們指明了一種思想方法，即中正，「無過無不及」。在陰陽變化、社會活動、政治生活和個人修養等方面，都應當履行中道，這樣才能保證亨通、吉利。否則，就會悔凶。

總之，「中」是《周易》的根本思想。「中」即居中之意，是指要對事物採取中庸的態度，不過偏，不過激，不過冷，不過熱；要適度，要適中，待人接物要中正和睦，以愛相待，管理者進行管理要嚴而有格，寬而有度，寬嚴適中，使管理能達到「致中和」，即人和、可協、諧和、協調、協同、協力地進行管理。

1.5.3 戰略決策

「戰略」一詞，原爲軍事用詞，是指作戰的謀略。《辭海》中對「戰略」定義是軍事名詞，即對戰爭全域的籌畫和指揮。《中國大百科全書・軍事卷》定義：「戰略是指導戰爭全域的方略。」「戰略」英文「Strategy」一詞來源於希臘文「Strategos」，其意爲「將軍」，引伸爲指揮軍隊的領導科學和藝術。可見，中英文中的「戰略」一詞，都是有關戰爭的謀略，是爲爭取戰爭勝利而運用和部署軍隊的領導藝術。

國內外有很多學者都提出了戰略決策的特徵或定義。二十世紀六○年代初，錢德勒教授認爲戰略與企業的長遠發展目標密切相關，即企業通過確定長期發展目標、選擇行動路徑和爲實現這些目標進行合理的人財物等資源的分配。七○年代中期，安索夫提出企業戰略是指企業在激烈的市場競爭中，爲謀求生存和發展而做出的長遠性、全域性的規劃，以及爲實現企業願景和使命而採取的競爭行爲和管理方法。二十世紀八〇年代，哈佛大學的麥可・波特教授在《競爭戰略》一書中，將戰略決策定義爲「公司爲之奮鬥的一些終點（目標）與公司爲達到它們而尋找的方法（政策）的結合物」。哈特認爲戰略決策需要企業表現出高度的融合性，同時戰略決策應該具有長遠性和細節性、指令性和參與性、控制性和授權性等特點；並認爲企業戰略決策與企業文化、內外部資源等各方面的因素相關聯。普拉哈樂德和加里・哈默爾將戰略管理視爲是企業員工「集體學習」的過程，目標是開發和利用其他企業難以模仿的獨特能力，並且強調了高層管理者在企業戰略管理中的重要作用。

國內學者揭筱紋教授將戰略定義爲企業制定的、對將來一定時期內全域性經營活動的理念、目標，以及資源和力量的總體部署與規劃。2006年，學者林姝總結了戰略及戰略決策的特點：她認爲企業戰略考慮的是企業長期的發展方向；關注的是企業的經營業務範圍；戰略管理是一個戰略適應過程，是一個將企業的內部優勢與外部環境相匹配、進而進行戰略定位的過程，由於外部市場環境經常發生變化，所以戰略決策是相當複雜的，常常需要高層管理者在不確定的環境中作出決策。

從上述學者的論述中，我們可以得到戰略決策所包含的本質特徵：（1）戰略決策涉及企業全域性和長遠性的重大問題，而非企業的日常事務性經營管理活動；（2）戰略決策比較複雜，通常面臨的是不確定性的環境；（3）戰略決策主要是企業高層領導者做出的，對決策者素質有較高要求；（4）戰略決策對企業的發展起著至關重要的作用。

第二章　文獻綜述

Ansoff（1987）指出，當科學關注現實世界中新問題的時候，不同領域的研究者根據他們的科學研究視角和興趣，開始聚焦於這一新問題。近年來，隨著中國經濟的發展，特別是金融危機中，中國經濟一枝獨秀，世界開始聚焦東方。在杜拉克提出「將引領下一個世紀」後，中國式管理再次被置於世界的「鎂光燈」下。作爲「群經之首」、「三玄之冠」、「大道之源」的《易經》，不可避免引起了學術界、企業界等各方面的關注，越來越多的學者探究了《易經》的管理思想，並對貫穿整個華夏文明的中道學說，提出了自己的理論觀點，其中不乏具有重大指導意義的理論。而在上世紀五〇至六〇年代戰略管理——特別是戰略決策開始受到研究者關注以來，眾多研究者從不同視角對其進行了分析闡述，形成了比較豐富的理論。本章將從多個視角來審視《易經》中道思維與戰略決策的眾多理論，並進行評述。

2.1 《易經》管理思想

世界對中國式管理的關注是從上世紀七〇至八〇年代開始的。改革開放三十年，中國經濟高速發展，中國企業發展步入黃金時代，創造了世界經濟發展史上的奇蹟。經濟的發展、企業規模的擴大伴隨著管理手段、模式落後、管理文化「水土不服」等不和諧的音符，引起了世界的廣泛關注。世界管理學界加強了對中國式管理的研究，特別是杜拉克1995年在《杜拉克看中國與日本》中指出「二十一世紀將是中國式管理大行其道的年代」後[1]，對中國式管理的關注熱度持續升溫。作爲中華文化活水源頭的《易經》，更是受到了管理學界的青睞，蘇東水、曾仕強、周三多、成中英等學者都從不同角度對其進行了研究。彼得·聖吉更是公開承認其著名的《第五項修煉》中的系統型思維，直接借鑒了《易經》的整體認識論。我國學者劉大鈞教授在談及《易經》與經營管理的關係時也說，《易經》最早提出了「富家大吉」的概念。學者們在堅持古爲今用、去粗取精的前提下，對《易經》管理思想從管理哲學、管理原理等多個角度進行了提煉與總結，提出了一系列對現代企業管理具有指導意義的理論。

2.1.1《易經》管理哲學思想

對於《易經》哲學的探究，一直是管理學界關注的焦點。著名易學專家成中英先生早在1979年就開始把《易經》用到管理方面，融藝術、哲學、管理、科學爲一體，提出「中國管理科學化，科學管理中國化」[2]，並於1987年8月在臺灣發表《C理論走出中國管理自己的天空》，創建了以易經哲學爲主體的C理論架構。C理論是一種融中國傳統管理思想與西方管理科學精神爲一體的管理理論，它以理性開發人性，以人性充實理性。成中英先生認爲，《易經》所提出的哲學是一種「安」、「和」、「樂」、「利」的境界，安就是定位；和就是調和上下、左右、陰陽等；樂就是安穩、快樂；利就是發揮全體之大用。他解釋說，所謂C，是指中國（China）的《易經》（Change）的創造性（Creativity）。C理論的內在意義有五個：Centrality（居中自我修養，而能兼善天下）——土、Control（王者之道的統治）——金、Contingency（權變）——水、Creativity（生

---

1 杜拉克，（日）日內功.杜拉克看中國和日本（林克譯）[M].東方出版社，2009.

2 成中英.C理論——中國管理哲學[M].北京：中國人民大學出版社，2006.

生不已，創造不懈）——木、Coordination（協調、包容）——火，五者生生不息形成C理論的循環。

在對《易經》管理哲學產生背景及意義等方面的探究中，余敦康教授、段長山教授皆認爲《易經》的產生與當時的時代背景是分不開的，它不可避免的帶著時代的烙印，整個華夏文明的分分合合，都可以在《易經》中追溯到絲絲痕跡。余教授（1989）認爲陰陽學說是關於原理的研究，六十四卦是對形勢的分析及關於衝突與和諧的模型，生生不息才是《易經》對經管之道的重大啓示，同時他利用《易經》中的卦象，對組織變革及組織穩定等進行了理論上的研究。段長山教授（1991）也認爲《易經》的產生與當時的時代背景密切相關，他認爲戰亂的年代人們都期盼和平，因而他更側重於從天、地、人和諧的角度探究《易經》的管理哲學。他特別指出了人們在觀察處理事物時，要以尋求事物間的和諧統一爲旨趣，從外部的客觀整體聯繫出發，從其內在的矛盾著眼，推動事物的和諧發展，從而獲得最佳管理效益。他的研究強調了天人和諧的發展觀，強調了整體的作用，對組織的可持續發展具有重要意義。

宋定國教授、程振清教授則從多個角度對《易經》管理哲學進行了論述。宋定國（1991）從九個方面進行了簡略論述，範圍涉及到企業戰略、企業具體的管理職能、管理藝術等；程振清先生在此基礎上進行了更加詳細的論述，他在管理藝術上強調了「位」、「時」、「應」、「中」、「正」、「乘」，在經營法則上從不易、簡易、變易談起，在權變管理上從知變、應變、時變談起，在謙和之道上從鳴謙、勞謙、撝謙談起，在具體的管理職能上以決策爲例從時勢、機、謀、反思等談起，而且從君子之道、君子之德等談到了領導素養。兩位教授對《易經》管理哲學的探究，更多的是從卦爻辭透露出的涵義上，來對現有的管理理念提出自己的觀點和看法，缺乏系統性，還僅僅限於與西方管理理念的簡單對位上。

相比之下，山東大學黃寶先教授（1997）則結合中國實際提出了創新性的觀點。他認爲，（1）易經中提到的管理體制是科層制，其特點體現在有序性（六十四卦的有序性；事物發展演變的有序性，「是故《易》有太極，是生兩儀，兩儀生四象，四象生八卦，八卦定吉凶，吉凶生大業）、層次性（「天尊地卑，乾坤定矣。卑高以陳，貴賤位矣」，「水火不相逮，雷風不相悖，山澤通氣」）（《易傳・說卦》）。（2）管理的目標是盛德廣業，盛德一是指聖人體道，體會了道才能「顯諸人，藏之用」；二是指不斷日日增新，「日新之謂盛德」，廣業即是富有，《易傳》「富有之謂大業」。（3）爲了達到盛德廣業的目標，總的管理要求就是崇德廣業，即崇尚美德和發展經濟，《繫辭》指出「天地之大德曰生，聖人之大寶曰位。何以守位？曰仁，何以聚人？曰財」。也就是要把德治當做是「君人南面之術也」（《漢書・藝文志》）。（4）管理決策是建立在陰陽之道的基礎上，通過預測果斷行動。（5）管理方法上採取變易、協調來實現社會的穩定和發展，爲什麼要變？出於成就盛德廣業的目的，社會發展的需要，安身保國的條件，「窮則變，變則通，通則久」。變要順天、趨時、應人而變，要「應乎天而時行」，從而「通天下之志，定天下之業，斷天下之疑」；協調就是要防止「太過」和「失中」， 通過協調的中和、平衡來「保合太和乃利貞」。也就是除了追求中正、當位外，還強調相應、對立統一。（6）管理的主體是人民大眾，「民爲邦本」。同時重視聖人的作用和管理者的道德修養，認爲要通過管理者本身素質的提高，來達到養民、頤民、教民、富民的目的。在管理方法的變易觀上，井海明教授（2004）將其地位進一步提升，把變易視爲《易經》的核心，認爲管理者要在管理中樹立變易觀、權變觀，把管理看作一個動態變化的過程，依據多變的客觀環境，在充分認識系統內各種聯繫的基礎上，牢牢把握四大原則（彈性原則、權變原則、聯繫原則、創新原則）；同時強調了「時」的內涵，指出在管理過程中，要時刻根據新情況、新問題、新變化進行及時的調控，克服矛盾，修正錯誤，使整個管理系統始終處於良性循環狀態；同時指出了變化的規律性，要求管理者在管理活動中遵循管理的客觀規律與方法，注意保持政策制度的連續性、穩定性和一致性，不能朝令夕改。井海明教授和黃寶先教授的對《易經》管理哲學的分析側重於管理的權變思想，同時兼顧了對客觀規律的遵循。

南懷瑾先生（2000）、蒲堅教授（2000）從管理主體的角度，對《易經》管理哲學進行了闡述。南懷瑾先生認為管理主體要修身養性，只有尚賢且在遇到問題時能夠積極主動的採取措施進行自助，才能得到上天的幫助，所謂「自天佑之，吉无不利」。他同時強調了管理者在發揮主觀能動性的同時要遵循客觀規律，使行為與道德規範相符。蒲堅教授認為《易經》本身是關於宇宙系統的總體探究與論述，強調天、地、人的和諧一體，認為天道大於人道，人道取決於人的本性，管理的主體是人，管理不可能離開人，離開了人，管理就沒有了意義。因而管理要完整的體現人的至善本性和主觀能動性，關注人的社會活動，創造或適應環境，確保其行為合乎客觀規律。他認為在《易經》的卦爻中提高道德修養往往可以逢凶化吉、遇難呈祥。南懷瑾先生和蒲堅教授都強調了管理的主體是人，在管理實踐中發揮員工的主觀能動性，充分挖掘組織員工的潛力，才能促使組織目標的實現。

吳生怡（2002）則認為管理的四項基本原則與《易經》思維是相互對應的，系統均衡原理對應《易經》的系統思維，運動控制原理對應《易經》的變易思維，資訊溝通原理和《易經》的「觀象制器」，目標效益原理對應《易經》的整體思維。同時，他創造性的提出了《易經》的管理原則，組織原則上強調應用剛柔立本的原則，乾坤並建、六位一體、中正，設立一個層次有序、功能協調的管理結構；管理調控上，強調要順天應人、節以制度、稱物平施，從而開物成務；在關於用人，強調要加強領導自身的修養，同時仁任以守位（尚賢尚能、相親相扶、利物和義），與時偕行，持經達變。

蘇東水教授（2005）從宏觀大局出發，在對中國傳統文化進行了數十年的研究後，提出了東方管理理論，他認為管理的精神在於「中道」，即中庸之道，中道的實質是講求合理與適度。管理的目的在於「修己安人」，以「修己」即自我管理為起點，以「安人」即理想化的社會管理爲手段，最終達到天下大同爲歸宿。亦即其管理活動始於「修己」功夫，終於「安人」的行爲；管理的核心在「人」，「以人爲本，以德爲先，人爲爲人」[3]；管理的最佳原則是「情、理、法」的有機結合。

2.1.2《易經》管理原理

《易經》中同樣含有豐富的管理原理，例如權變管理、人本管理等，學者們對其進行了詳細闡述。

2.1.2.1人本管理

近年來，學者們加強了對《易經》人本管理的研究和論述。復旦大學的蘇東水教授（2005）經過對東方管理的多年研究，提出了陰陽平衡的人本管理思想。他認爲《易經》特別強調天道、地道、人道的和諧平衡，指出要法天則、察地理才能實現人道的「和諧」。並通過比卦進行舉例說明，認爲對人的管理首先要將誠信，從內心以中正、愼始善終的態度，廣納賢才並進行授權管理，才能有效實現組織目標。蘇教授指出了《易經》的人本觀點與西方現代人本思想具有相互融通性。

謝軍、胡志勇（2006）認爲六十四卦的卦變、爻動反映了世界的持續運動，每卦的卦爻辭則充分說明人本管理思想因時、因地具有不同的內涵。同時，他們指出管理思想的發展充滿矛盾，管理從物本向人本的轉變，體現出系統主要矛盾的轉移。羅熾（2007）也是從六十四卦談起人本管理，但是他更側重於從六十四卦的卦名和卦爻辭來談《易經》強烈的人本意識。他首先指出《易經》所稱道的人才——君子的美德、地位和作用，並認爲要樹立「三才之道，人道爲本」，並在此基礎上談到了如何知人用人。他認爲知人要以仁義廣

---

3 蘇東水.東方管理學[M].上海：復旦大學出版社，2005.

泛招募各類專業人才，用人以「容民畜眾」、「保民」、「悅民」、「親民」、「厚下安宅」來滿足被管理者的各種需要，從而使其忠心於企業，認眞工作，努力奉獻。

林忠軍（2007）從仁愛、道德感化、尊重人才和人本管理境界四個方面，展開論述了《易經》「以人爲天地之心」的人本思想和「以人性爲核心」的管理思想，並以井卦「井養而不窮」爲例，告訴了管理者如何在具體的管理活動中「養賢」和「尙賢」，達到和諧統一、人文化成的管理境界。林教授的文章最後還區分了《易經》人本與西方人本的不同之處，即在於《易經》所體現的人本，不是突出和張揚個人的人本，而是一種超越個人、具有社會性的人本。總之，我們強調的人本管理與西方的人本思想有一定的通融性，但側重點是不同的，中國強調以君子之德來實現人本管理，而西方把它直接提升爲利益化的手段，雙方的差別也體現了中國「無爲求中」的思想。

2.1.2.2權變管理

有人認爲整部《易經》就是關於變易的闡述，代表了一種適時而變的學說，在對其認知上，管理學家們提出了各自不同的觀點。曾仕強教授認爲《易經》的權變管理思想就是要持經達權，即有原則的應變。王建平（2005）同樣認爲理想境界是「持經達權」和「通權達變」的有效統一。余敦康（1997）也認同這種「有原則變化」的觀點，認爲在管理中要堅持「通變趨時」的達變原則，其中「功業見乎變」是達變原則的總綱，一個組織系統只有適時達變才能生存下來。吳鐵鑄（1994）將《易經》中的「變」分爲三種：不變、漸變和突變，並提出了三個原則：強調不變中要有變，安穩中要求動的原則；有所變有所不變，即持經達權的原則；以不變應萬變的原則。同時在此基礎上由知變、通變提出管理人員要有察變、變革、防變的能力。麻堯賓（2004）更進一步把「變」細分爲知變、應變、適變、不變四方面，並在此基礎上探討現代組織的系統化、整體化、調配化、決策化及績效化的問題。

謝雪華（2004）則重點談及了《易經》變易觀對現代管理創新的啓示，指出變易是組織變革、企業創新的動力。她將《易經》變易觀分爲恒變、交易、適變、簡易，其中變易的恒變觀要求管理創新必須遵循客觀規律，循序漸進，堅持不懈；變易的交易觀要求注重內外一致，合作協同；變易的適變觀要求管理創新要合理和諧，即要有一定的度；變易的簡易觀要求必須充分認識創新對管理的重要性，一切從被管理者的角度出發，充分調動其積極性、主動性和創造性。

2.1.3《易經》管理職能

2.1.3.1管理目標的確定

對《易經》中管理目標的確定，學者們觀點大致可分爲三種。一種是以周止禮爲首的學者，他們較爲一致的認同管理的目標是「保合」、「太和」；另一種是臺灣學者曾仕強教授認同的「安」；第三種則是以張淵亮等人爲代表，認爲管理的目標是大同世界、大人世界，亦即盛德廣業。學者們都對各自的觀點進行了詳細的論證。

周止禮先生（1990）認爲組織管理的最高目標是「太和」，並指出太和是最高的和諧，並以泰卦爲例進行了說明，認爲通過上下溝通達到認識上的統一，進而三軍用命，達到目標。鄭萬耕（1998）也認同周止禮先生的觀點，把「保合太和」作爲管理的最高目標，提出通過「中」才能實現「和」，「中」是實現「和」的必要前提條件。管理者應根據「中」的原則，在現實管理中依據實際情況將陰陽配置得當，諧調相濟，形成一種優化組合，從而使事物得以和諧亨通，順利發展。

臺灣學者曾仕強教授認爲管理的目標是順應這樣一條軌跡「利」——「樂」——「和」——「安」實現的，他把「安」作爲管理的最高境界，「和、樂、利」統合在「安」的「籠罩」下，追求「安、和、樂」的「利」。同時，在《中國式管理》中，他提出的最高管理目標是自然和諧的太極狀態，他認爲西方管理注重二分，我們只有把二看成三，才能跳出二分法的陷阱，在強調和諧的同時，也不能忽視自然流暢的狀態。

張淵亮（1994）則認爲大人世界才是《易經》管理的最高目標，在其中人人有君子之風，人人幸福，人人有業。亦即《禮運》所提及的盛德廣業的大同世界。黃寶先（1997）認爲《易經》中盛德廣業的管理目標包括崇德和廣業兩部分，二者互爲一體，德治爲治天下的基礎和手段，而廣業是德治的保證，二者相互配合才能以財聚人、德治天下。張文勝、熊志堅（2003）也認爲《易經》以盛德廣業爲管理目標，盛德即大興君子美德之風氣，偏重於精神道德建設；廣業即事業乃「舉而措之天下之民」之事業，強調經濟強盛，實現國富民強，偏重於經濟目標。

2.1.3.2決策

井海明、謝金良、余敦康等眾多學者都從《易經》占卜的預測功能上，談及了易經決策管理。余敦康（1997）認爲預測是決策的前提和基礎，易經就是通過占筮、斷卦以預測未來支持決策，強調推測事物未來發展的整體性、層次性和相關性。井海明（2004）認爲卜筮作爲一種預測未來吉凶的形式，參與古代重大決策。謝金良（2003）以學術文化對政治決策的影響爲落點，從原始占卜術對政治決策的左右，易學術數發展對政治決策影響的角度，論證了《易經》預測學的決策作用。

林忠軍教授（2005）則從《易經》的作用入手，指出《易經》作爲卜筮之書，用於國家決策時表現爲管理學。宋定國教授（1992）從卦象上進行了決策理論的分析，提出決策要當機立斷、慎重反思、總結經驗、防患未然。鮑宗豪先生（1997）從決策文化論的視角分析認爲，《易經》在運用卦象卦理進行預測與決策的時候，不僅揭示了宇宙間事物的發展變化的自然規律和對立統一的法則，而且形成了自身的文化雛形：其一，貫通於天、地、人各方面的預測決策。其二，形成了一套獨特的預測天文、地理、人事的方法，即以「大衍之數五十」、「十有八遍而成卦」的蓍草占卜方法。同時從規律論、全資訊理論、資訊不滅論、資訊可用論、相互感應論、時空論等方面爲《易經》決策找到基本理論依據。

在決策所依據的思維上，絕大部分學者都認爲應從《易經》陰陽學說的角度出發來適時而定，其中以周止禮教授爲代表。周止禮教授（1991）認爲《易經》決策應利用陰陽轉化，對二者進行合理的調整來實現目標，他重點強調了決策要居安思危、防患未然。王清德（1994）借鑒「一陰一陽之謂道」，同樣認爲決策首先要認識經營管理的陰陽之道這個客觀規律，進而掌握道，根據道做出正確抉擇決策。

在決策時機上，學者們認爲要持經達變。陳雪明（1997）分析了人們採取決策行動的兩種情況，一是「窮則變」，二是「見幾而作」。劉大偉（1992）認爲整部《易經》就是在談決策，並從經權之道分析《易經》的決策理念，認爲應是經權配合，權不離經，經不阻權。

在決策過程上，蘇東水教授（2005）認爲《易經》的預測方法首先是要建立在對「往」的窮盡悉知和對「來」的詳盡探察上。據此，他提出了具有東方管理決策行爲特徵的預測步驟，①通過極數建立預測資料資訊，並進行深入分析研究，發現規律；②根據極數的分析和現實的實際狀況，來判斷估計事物的未來發展。

在決策的原則上，羅熾（2007）認爲在科學預測的基礎上，決策應該遵循以下三大原則：「觀象玩辭」（調研分析，以斷吉凶）、崇一尙獨（當機決斷，見幾而作）、「貞一」原則（依據變化的具體情況，建立起自身的評價標準和指標體系）。李剛（2007）認爲決策首先要「思不出位」，應從實際情況出發；其次是「立不易方」，靈活機動但不可以輕易改變基本原則；再次是「作事謀始」，從決策一開始就要進行謀劃，預見可能發生的矛盾、爭執，想出規避或解決的辦法。張順江教授則將《易經》決策的基本原則概括爲以下幾個方面：政治原則，審時度勢，順應時勢；思想原則，亦即決策的方法論；組織原則，群策群力，發揮整體功能，民主決策；科學原則，遵循客觀規律；實踐原則，保證可行有效。

在決策模型上，邢彥玲（2007）重點分析了《易經》的決策模式，並與西方管理決策模式進行比較，把易經管理決策步驟歸納爲：占卦——讀卦——解卦——決策。認爲《易經》管理決策模式與西方管理決策模式中的有限理性模式和垃圾桶模式十分類同，皆認爲個體無法達到完全的理性；另外，在西方的管理決策模式中，很少考慮決策的權變，而《易經》的變易思想則使管理者能夠根據預測到的可能的發展變化方向，在決策的執行過程中不斷地進行調整和修正。

在決策的組織結構設置上，謝玉堂（1993）先生在探究《易經》思想的基礎上，結合中國的五行學說，提出了現代權利決策層次的最佳組合：在人事管理上，土爲領導者，金爲制度，水爲治理之術，木爲馭下之術，火爲整體的團結；在生產上，土爲領導者，金爲制度，水爲靈活的供銷結構，木爲生產的增長，火爲群眾的工作熱情。同時，他指出一個恰當的決策要符合「道」，且能夠發揮整體的功能，能夠達到整體的效益。

2.1.3.3領導

早在上世紀九〇年代初，李春芳、張俊峰（1993）就對《易經》中蘊含的領導思想進行了論述，他們認爲上述思想是領導者的固位安身之本，強位服眾之寶，描繪晉泰盛圖之神筆，保持領導能力的靈丹妙藥。因而指出領導者十分有必要研習《易經》領導思想，獲取知識，以之來指導日常的領導管理行爲。

而在此之後的近二十年裡，大多數關於《易經》領導思想的文章和專著，都是就某一卦中透出的領導思想、領導者素質或領導模式進行論述（其中絕大部分是關於乾卦和臨卦），並沒有形成較爲系統的知識體系。例如周止禮先生把乾卦六爻看成是企業發展的不同時期，領導者所應採取的不同策略。林益勝、劉大偉也是從乾卦六爻出發，但是林益勝把領導階層分成了六級與乾卦六爻相配，劉大偉則更強調乾卦用九，要求領導人要剛健有力但不逞強露鋒芒，做到大智若愚，靠乾道而達到安人之道。馬恒君、高亨等認爲臨卦主張的「六臨」折射出了豐富的領導思想。對於「咸臨」，吳鐵鑄認爲是感召下屬，高亨認爲是以寬和來管理下屬。對於「甘臨」，馬恒君認爲這裡強調的是領導的憂患意識，而孫振聲認爲強調的是領導者要責任感，要通過給員工實實在在的利益來進行管理。對於「至臨」，馬恒君認爲強調領導者要安身立命、安守本分，而高亨等認爲這是強調領導者要加強現場管理、要深入群眾。對於「知臨」，高亨認爲這是強調領導者要適時而變、適宜知變，孫振聲認爲是強調領導者要進行合理授權，應充分調動下屬的積極性，發揮集體的力量；吳鐵鑄認爲上述兩種思想都包含。對於「敦臨」，學者們則較爲一致的認同，其強調了領導者的自身素質，要敦厚待人，不可刻薄，要給下屬創造寬鬆的工作環境。

在領導方法上，學者們大都從卦象上來闡述，陳榮波（1998）講領導方法時從先天八卦圖「以下爲本，以內爲先」的特徵出發，認爲在管理中要講求團隊精神以及人才晉升選拔要先任用內部的老員工，再考慮外部招聘的人才。而張鵬飛（1998）則是從卦爻位的位勢思想談領導方法，耿成鵬、胡豔（2006）以夬卦、節卦爲例，胡志勇（2006）則是從家人、履、同人三卦分析。總之，學者們都認爲現代型領導除了必要的思想素質、業務素質、身體素質外，還要具備建立遠景、資訊決策、配置資源、有效溝通、快速學習等能力。

很多學者也就《易經》中的領導者素質，提出了許多有見地的觀點和看法。李純任（1994）認爲豫卦和謙卦較爲集中的反映了領導者必須具備的素質。程振清（1995）指出領導者要修君子之德（以直率、方正、寬大爲做人的基本態度），行君子之道（言而有信，言行有序，善始善終）。羅移山（1997）認爲，乾、謙、恒是管理者的修己原則；坤、同人、解是管理者的處人原則；蒙、咸、益是管理者的工作原則。王仲堯（1999）將《易經》對領導者的具體要求概括爲五個方面：反身修德，以「容民畜眾」；要團結協調；「厚下安宅」，要厚待下屬，對自己則要「懲忿窒欲」；制度有章；要用晦而明。閔建蜀（2000）則建立了一個整體的《易經》領導模式。吳世彩（2001）指出《易經》中認爲優秀的領導者應當以富民強國爲己任，以「民悅無疆」爲宗旨，以「仁義施政」爲大德，以「生生不息」爲銘訓，以「節以制度」爲準則，心胸開闊，虛懷若谷，安身立位，慧眼識才，唯才是舉，富有正義感，進而增益人民，厚施天下。易文文（2003）提出《易經》認爲自強不息是現代領導者必須的精神素質，與時偕行是其必須的能力素質，厚德載物是其必須的道德修養，定位協人是其必須的行爲素質。由此可見《易經》中含有非常豐富的領導思想，值得我們深入探究。

2.1.3.4控制

在控制原則上，余敦康認爲要謀求事業成功，就必須把握並嚴格遵循客觀規律。因而他提出「聖人成能」的控制總原則，並將之具體分爲「順天應人」、「制變宰物」、「節以制度」、「稱物平施」的四個調控準則，認爲只有遵循這些調控原則，才能確保達到「保合太和」的理想境界。吳聲怡、尹利軍、謝向英等人根據《節・彖》提出「節以制度」的原則，根據損益二卦提出「稱物平施」的原則，認爲調控要順天應人，建立並實施完善的制度，才能調控有度。

《易經》中的危機控制理論也得到了發展。曾爲群（2001）從《易經》的卦象爻辭這一視點出發，論及了危險管理的內涵、特徵、成因及治理舉措，建立了《易經》的危機控制管理理論。他認爲整部《易經》的卦爻辭都蟄伏透漏有「危險」的涵義，同時也蘊含著一套治理危機的管控體系。陳瑞宏則將曾爲群的上述危機管理理論進一步詳盡化、系統化，分爲「危機預測、危機預警、危機預控、危機處置和危機總結」五大部分。其中卜筮是預測危機的必要手段和重要方法，在危機預警過程中要「終日戒」、「括囊，无咎無譽」。而當危機一旦發生，就要及時控制，通過種種方法如損小護大、借助外力等將損失控制在最小水準。最後總結出危機的價值在於經天緯地、治國安邦，所謂「君子安而不忘危，存而不忘亡，治而不忘亂，是以身安而國家可保也」。

2.1.4《易經》管理道德

對於管理的道德的探究，學者們多從卦爻辭出發，通過解釋其寓意來點名管理經營過程中應具備的道德素質。周山教授對《易經》的卦爻辭進行了分析總結，提出了有關行爲準則和道德修養的理論。他認爲管理道德的第一要義就是時刻保持謙遜，並以之來指導管理活動中的行爲；在人格素養方面強調要以禮行事、相親相助、寬容共處，即使處於危險中，也要處事不逾禮、小心謹愼、大智如愚，以柔順的態度來求得圓滿的結局。在這一過程中，周山教授忽視了中國傳統文化中的「誠意、正心、修身、齊家、治國、平天下」，僅僅側重於管理者管理活動中的道德素養。

井海明先生與黃寶先教授認爲，《易經》各卦中對管理者的道德品質有較系統的要求，比如說節卦強調節用愛民，爲民謀利等；同時借鑒儒家的修己安人，提出了道德修養的管理意義。

朱伯崑教授將《易經》管理道德歸納爲以下幾個方面：提出劃分小人與君子的標準爲仁與義，仁的基本內容是愛心，強調厚德載物，義的核心內容是公正無私，處事得宜；進德修業，尙忠崇誠；爲人處世，貴寬重和。他強調了管理過程中道德品質的作用，但沒有考慮到道德品質作用的發揮與環境有關。

蓋勇、徐慶文（2003）認爲，《易經》的吉凶觀念預示著管理的禍福同源，「趨利避害」的功利價值蘊含著管理的合理決策；「盛德大業」確立了管理倫理的方向；「變易、日新」爲管理創新提供了依據；誠信是管理倫理的靈魂，中正是管理倫理的關鍵。

2.1.5《易經》與管理模式

成中英教授在《C理論》中同時以《易經》管理思想爲核心，吸取陰陽五行學說，兵家、墨家、法家、儒家、道家、禪宗思想精華，形成了C管理模式。管理在於管而理之，以求生生不息，可持續發展之道，這是「經」的原理；身爲管理者要創造秩序，維護秩序，同時也要考慮到特殊因素，做到持經達變，這是「權」的原理。「經」、「權」配合使用，以不變應萬變。同時，他借鑒五行理論，認爲提出土表示決策，因爲在古代神話裡，土一直意味著力量之源，具有包容性和深厚性；金象徵著領導，因其堅硬特別用來強調剛毅果斷；水表示市場，水無常勢恰如市場多變，要求權變常易；火用來指士氣以及人際關係的協調，火旺而人情熱；木意味著創新，木長生，利萬物。並且，他吸取各家學說，提出面對市場時要借鑒兵家思想，權變常易；協調人際關係時要用儒家思想，禮多人不怪；領導、控制要用法家思想，制度保證；創新要用墨家思想，思無邪；決策立足長遠，要汲取道家的含蓄沉靜，師法自然。同時又提出了禪在管理中的超越與轉化。

余敦康教授認爲《易經》是部管理之書，追求和諧的秩序，秩序（結構性原理）與和諧（功能性原理）有機統一於陰陽中，他認爲這就是《易經》「道」的本質。陰陽的關係在結構上表現爲一種有層級的秩序，在功能性上表現爲互爲一體的和諧。在這一原則與目標的指導下，管理活動應用於現實就是「時止則止，時行則行」、適度、時中，同時注重管理道德，求得組織的可持續發展。他提出的這種管理模式側重於管理哲學的應用。

楊維增教授依據《易經》原理，提出了太極——中道管理模式，即視人爲管理系統中的第一要素，實現管理者與被管理者適應環境變化，共同參與的雙向民主管理。二者陰陽交融，以和爲中。其中管理者爲陽，表主動；被管理者爲陰，表受動；二者相互溝通協調，最大限度地調動整體得積極性、主動性和創造性，實現變革活動的共同目標。在管理做到「理、利、法、情」的共舉，就能收到元、亨、利、貞，順天時、盡地利、致人和，最終達到富而好禮的效果。「太極——中道管理模式」特別強調中和，指出組織內部成員要陰陽感應，和諧順暢，才能共同致力於太極管理目標，而太極管理目標同樣指出人與組織、社會以及人與自然要和諧無礙。這一模式在中國現行的商業環境下具有很強的可操作性。

曾仕強教授在《大易管理》中提出了「外圓內方」的管理模式。他認爲管理應以「修己」爲起點，以安人爲目的，以「正德」、「利用」、「厚生」之道來管事理人，進而達到圓滿的結果，同時應在圓滿中分是非，達到「由利而樂，由樂而和，由和而安」的管理目標。這一模式的內涵可以解釋爲以「絜矩之道」定位職能，以「經權之道」定性權變。在這種方法的指導下，曾教授將組織概略三分爲高階、中堅、基層，強調三個階層要注意陰陽互補、互相配合；同時在三個階層的配置上，依據易氣由下而生，構造出大易管理「由下而上」的樹狀精神。曾教授在這一模式中特別要求三個階層之間要相互配合，確保組織系統的和諧流暢，以實現組織目標。這一模式涉及大量管理實務問題，具有很強的可操作性和實踐意義。

席酉民教授在對中國傳統文化的思考和管理實踐的探索中，提出了有中國特色的「和諧管理」理論。席酉民教授雖沒有點出和諧管理起源於哪裡，但筆者認爲這與《易經》的中道十分「神合」，因而對席教授的理論進行了梳理論述。和諧管理結合東方傳統思想，柔和西方的管理理念，「以人爲本，以德爲先，以和爲貴，以法爲教，中庸之道，無爲而治」，其追求的最高目標就是無爲而治。在這一理論的整體框架下，席教授提出了和諧管理的全腦耦合模式、和諧管理智慧體行爲模型等，實現了理論向實踐的轉化應用。

2.1.6 小結

從上面的綜合論述中，我們可以發現我國學者對《易經》管理思想的研究，有重談義理之人，有略言象數學者，王仲堯先生、吳世彩先生均提出了象數思維，但都淺嚐輒止。又有以義理爲主、象數爲輔者，如黃寶先先生，提出「《易經》已經形成了科層制管理的思想」4。

總之，以往關於《易經》管理思想的提煉、整理大多停留在就卦論卦以及側重管理哲學與管理道德的闡發上，很多只是針對某一卦來提煉管理思想，比如很多學者都論述乾卦的管理思想，這有意義，但也存在問題，過於零散不具備系統性，難以付諸實踐層面。同時這也反映了我國學者對《易經》管理思想的挖掘，絕大多僅僅局限於對號入座，探究《易經》中的思想折射出了怎樣的管理思想，比如強調天人合一，符合西方的系統論；「一闔一辟謂之變」，彰顯變易，符合西方的權變思維、變革理論等；陰陽互補，強調了整體利益、和諧等；注重中和平衡，反映了管理的終極目標等；尊重義利關係，強調社會責任；強調管理者個人素質的重要性。這些都浮於《易經》管理思想的表面，沒有從管理實踐過程的角度，去系統完整地挖掘《易經》管理思想的內涵，使得《易經》管理思想的研究欠缺可操作性。

2.2中道思維

「中道」在東西方文化中都有明確記載和相關論述，且都有適度、合理、和諧的意思，用宋玉（《登徒子好色賦》）的話講就是「加一分則過之，減一分則不及」、「道止一中，過一分即是過，不及一分亦是過」（朱熹，《四書章句集注》），過猶不及，物極必反。因而有必要對東西方的中道學說進行梳理。

2.2.1西方中道學說

2.2.1.1亞里斯多德之前的中道學說

中道思想在西方由來已久，古希臘時就已出現。《工作與時日》作者赫西俄德「任何事情都要有分寸」的箴言，以及《荷馬史詩》中「和諧」、「合度」等概念，都明顯反映了早期的西方中道觀念。畢

4黃寶先.《周易》的管理哲學論綱[J].周易研究，1997，（1）.

達哥拉斯在其著作《金言》中也說道：「在一切事情，中庸是最好的。」他認爲過和不及都是惡，正確的道德才可以稱爲善，並提出了具有不朽價值的「黃金分割率」。以其爲首的畢達哥拉斯學派把現存事物看作對立方之間一種「恰如其分的均衡」，將「中道」的表述爲「和諧」，同時將「美德就是和諧」作爲其基本命題，認爲中道在數量的比例中表示著音樂式的和諧。和諧概念的提出，是古希臘學術發展史上的一大進步，反映了他們對於宇宙萬物統一現象的直觀把握，以及對於道德完善、社會公允等理想狀態的追求。

雅典的執政官梭倫認爲，中庸就是防止極端、追求和諧一致，主張「自由不可太多，強迫也不應過分」。德謨克利特認爲「人們通過享樂上的有節制和生活上的寧靜淡泊，才得到愉快」，「從一個極端到另一個極端的動搖不定的靈魂，是既不穩定又不愉快的」，「當人過度時，最適宜的東西也變成了最不適宜的東西」。蘇格拉底和柏拉圖也有同樣的觀點。上述這些格言式的話，都表明了「中道爲善」的思想。

古希臘人崇尚中道思想，並將其作爲社會生活的價值標準和個人德性的基本尺度。德爾菲神廟（著名的古希臘精神崇拜中心）的石碑上就鐫刻著「萬事切忌極端」的神諭。這一切都說明了中道思想在西方悠久的發展歷史和深刻的思想內涵。

2.2.1.2亞里斯多德的中道學說

作爲古希臘學術的集大成者，亞里斯多德受畢達哥拉斯學派的影響，提出了自己的「中道」觀。在亞里斯多德的著作裡「中道」又被稱爲「中庸」，他指出所謂的「中道」就是「適度」、「適中」、「執中」的意思，亦即「無過無不及」的中間狀態，具體而言就是「要在應該的時間和應該的境況下，通過應該的關係，以應該的方式，達到應該的目的」[5]的情感感受和行爲選擇，這被亞里斯多德稱爲「最好的」。亞里斯多德中道學說主要從倫理和政體兩個層面進行了闡述。

（1）倫理層面

亞里斯多德從倫理學的角度來探討人的德性問題，認爲「德性就是中道，作爲最高的善和美」。他把德性分爲理智的德性和倫理的德性，認爲倫理德性的實現與中道有關，這一觀點也導致了策勒爾認爲——「這一恰當的中庸之道的概念，是亞里斯多德部分地從古希臘盛行的中庸倫理中，部分地或許從希波克拉底醫學流派有關飲食營養和治療的理論中接受過來的。[6]」亞里斯多德認爲人的行爲，無論是過度或不及，都足以敗壞人的德性，惟有適度才能造就德性。適度即過度與不及的「中道」，是正確行爲必須遵循的理性原則，是判斷某一種行爲道德價値的最根本的標準。亞里斯多德舉了幾個例子來對中道的內涵進行說明，例如勇敢，其不足是怯弱，其過度爲魯莽；節制，其不足是放縱，其過度爲對感官享受的痲木不仁；慷慨，其不及是吝嗇，其過度爲揮霍。據此，亞里斯多德得出了「美德在於中道」的結論。

既然德性就是中道，處在過度和不及中間，那麼什麼是這個「中間」？亞里斯多德認爲中道所要應用的對象是連續可分的事物，因而才能存在這樣一個中間的點，這個中間的點在量上不同於數學上的中點或平均數，在質上不是同一，而應該是在實踐智慧指導下因人而異的中間，反映在選取中間的方法上，是「應該」。即「要在應該的時間，應該的情況，對應該的對象，爲應該的目的，按應該的方式，這就是要在中間，這是最好的，它屬於德性。[7]」概言之，亞里斯多德並不是把中道看成是一種純粹數學的量，機械的固守中道、過度和不

---

5 亞里斯多德，尼各馬科.倫理學（苗立傑譯）[M].北京：中國社會科學院，1999.

6 E・策勒爾.古希臘哲學史綱（翁紹軍譯）[M].濟南：山東人民出版社，1996.

7 亞里斯多德，尼各馬科.倫理學（苗立傑譯）[M].北京：中國社會科學院，1999：37.

及三分的公式；而是看成了屬人事務的相對性、條件性和具體性，把中道看成是由不同主題、根據不同的情景來確定的一種感受和行爲的良好狀態。那是不是意味著不同的人可以根據自己的喜好來任意的取決中道呢？答案是否定的，因爲中道是一種人所共求的客觀尺度和理想狀態，它是希臘城邦的法律和習俗爲人的理性所掌握後，通過人經常的德行行爲而達成的。「應該」的提出解決了中道的具體方法，即倫理德性的實現需要理智德性的介入，單單憑它自身是無法滿足的，因爲「應該」是因人、因地、因時、因事而異的。總之，「應該」是聯繫中道理論和實踐的橋樑。

在《尼各馬科倫理學》中，亞里斯多德提出了中道的具體實現方法：①兩惡相權取其輕，「首先應避開與中間對立較大的極端，命中中間」。②矯枉過正。「其次還應該研究我們所期求的東西，我們由於本質而傾向不同，這一點從在我們周圍發生的快樂和痛苦就可以認識到。我們必須把自己拉向兩個對立的方面。因爲我們的航線必須避開所面臨的危機，而航行在中間，這是木工們把曲木裁直所用的方法」。③要特別注意那些讓我們感到快樂的事情。因爲快樂影響我們的餓判斷，使我們容易犯錯。在這裡我們要特別注意區分中道思想與折衷主意：折衷主義的本質是從各種不同的因素中（特別是對立的不同質的因素），去毫無原則的求取中間道路；而亞里斯多德的中道思想是指「適度」、「適中」、「執中」、「無過無不及」，是在同質的因素中掌握度的問題。因而可以看出亞里斯多德的中道思想對是非曲直的區別，有著鮮明的態度和嚴格的界限，這與良莠不齊、善惡不辨、不講原則、萬事求同的折衷主義是截然不同的。

（2）政體層面

宏觀層面主要是亞里斯多德在政治學方面提出的中道理念，他的中道思想在城邦治理中的影響，主要體現在以下幾個方面。

①對於自足、理想的城邦是怎麼樣的這一現實問題，亞里斯多德基於中道思想提出了美學原則：「產生於數量和大小，因而大小有度的城邦就必然是最優美的城邦」[8]。即以「度」來衡量人口，進而決

定一個城邦設立的合理性。

②在社會政治生活中，亞里斯多德主張「爲政應取中庸」，應有中產階級來執政。他指出政治制度上的寡頭政體和平民政體；階級關係上的極貧和極富等都不符合中道原則。因此他認爲合理的政體應當是中產階級來掌權，因爲「中產階級比任何階層都穩定，他們既不像窮人那樣希圖他人的財物，他們的財產也不像富人那樣多的足以引起窮人的覬覦，既不對別人抱有任何陰謀，也不會自相殘害，他們過著無憂無懼的平靜生活」9。

總之，亞里斯多德提出以中道美德來看待人、要求人，並在社會生活領域、城邦治理中，引申出了中道精神：中道精神是指至善是理性和欲望的契合；中道精神要求德性論和規範論相統一；中道精神是追求社會、政體的和諧與有度。中道精神意味著眾人之治好於個人之治。

2.2.1.3亞里斯多德之後的中道學說

在亞里斯多德之後，整個西方對「中道」學說持懷疑和摒棄的態度，認爲它是庸俗化的折衷主義。羅素曾評論說「（中道思想）儘管它發揮的很巧妙，卻不那麼的成功」；黑格爾也認爲，亞里斯多德的中道不過是一些常識性的東西，「就思辯而言，毫無深刻的見識」。黑格爾在對中道揚棄的同時，提出了差異與對立於自身之內的同一，即「具體的同一」，這豐富了中道的和諧理念，使之更具內部的張力。整個西方對中道的態度就在這樣模糊中前進，我們相信在「狐狸世紀」，中道學說會再次受到人們的關注，並煥發出強大的生命力。

---

8 苗立傑.亞里斯多德全集：第8卷[M].北京：中國人民出版社，1994.

9 苗立傑.亞里斯多德全集：第8卷[M].北京：中國人民出版社，1994.

2.2.2東方中道學說

中道思想最先起源於《易經》，後被儒家等學派加以發展，影響了整個東方文化，特別更是滲透進了我們中華民族的每一個毛孔，造就了這個追求和諧與適度的民族。追根溯源，在整個東方的歷史上，中道思想結出了累累碩果。

2.2.2.1儒家中庸理論

「中道」一詞在儒家學派的論述中，常常被「中庸」所代替。

據說1988年年初，全世界的七十五位諾貝爾獎得主在法國巴黎著名的花街上召開了這樣一次會議，會上發表了這樣一份宣言，其主要內容如是：「如果人類要在二十一世紀生存下去，必須回頭兩千五百年，去汲取孔子的智慧」。而孔子智慧的精髓就在於「中庸之道」。中國哲學的根源是《易經》，孔子治易，旨在闡明中庸之道。那麼何謂「中庸之道」？程朱理學的朱熹認爲「中者，不偏不倚，無過不及之名；庸者，平常也」。孔子把恪守中庸之道視爲最高尙的道德品質，「中庸之爲德也，其至矣乎！」（《論語·雍也》）。《中庸》認爲，聖人治世之道，撫育萬物，「苟不至德，至道不凝焉」。如果沒有極高的德行，就不能成就極高的道。因此，「君子尊德性而道問學，致廣大而盡精微，極高明而道中庸」。君子尊崇德性而又注重學問，達到廣博境界而又鑽研精微之處，追求高明的極點而又奉行中庸之道。

孔子認爲「子曰：舜其大知也與！執其兩端，用其中於民，其所以爲舜乎！」，因而他主張凡事有度，抑其過，引其不及，歸中道也。他說，「不得中行而與之，必也狂狷乎！狂者進取，狷者有所不爲也」（《論語·子路》）。過頭和不及是事物的兩種極端化傾向，或者說兩種錯誤傾向，孔子認爲都不足取。譬如說，爲人之道既不可好高騖遠，也不應自暴自棄；既要追求理想，又須面對現實；爲政過嚴或太寬都不好，要「寬猛相濟，政是以和」。例如《中庸》第十章「子路問強。子曰：南方之強與?北方之強與?抑而強與?寬柔以教，不報無道，南方之強也，君子居之。衽金革，死而不厭，北方之強也，而強者居之。故君子和而不流，強哉矯!中立而不移，強哉矯！國有道不變塞焉，強哉矯!國無道，至死不變，強哉矯!」孔子認爲南北皆爲不強，眞正的強是兩者的恰當結合。

在關於如何求得中道上，孔子認爲要通過「修」與「教」。《中庸》開宗明義便說：「天命之謂性，率性之謂道，修道之謂教。」這是說，人性是天之所命、生來就有的，循性而行，發揚人的善性，就是「道」。據此，則「性」與「道」實爲一個東西的兩種狀態：「性」是自在的狀態，「道」是自覺的狀態。由自在的「性」發展爲自覺的「道」，要經過修明和教化，這就是「修道之謂教」。實行中庸之道，「辟（譬）如行遠，必自邇；辟如登高，必自卑」。這是說，君子修道，必須循序漸進，由近而遠，由淺而深，從自身做起，從日常生活做起，內省愼獨追求中庸之道。

後來孟子在引述孔子話時，將「中行」說成「中道」。他說，「大匠不爲拙工廢其繩，羿不爲拙射變其彀率。君子引而不發躍如也。中道而立，能者從之」（《孟子・盡心》。中道恰到好處的在那裡，需要人們去發現它、實踐它，而不是讓中道來適應你。

當代儒學大師張其昀在《孔學今義》中將「中庸之道」闡述爲五點，分別是中正、中和、中庸、中行、時中。

國學大師錢穆認爲「每一事爲必有相反之兩面，驟然看來，好像是個別對立，其實是相通爲一。儒家思想不是要在相反之兩極端上，尋出另外之絕對，乃是要把此相反之兩極端相通爲一，尋求一整體」。就一直線言之，中是中點。凡有中，必先有兩端，明其兩端，乃得其中。就一平面言之，中是中心；就一立體言之，中是重心。必須從全體看、從整個看，在全體整個中，覓得一中道，此即是中庸之道。

孔子集中國文化之大成，自稱「七十而從心所欲，不逾矩」，就是到了「致廣大而盡精微，極高明而道中庸」的境界。總結來講，儒者之道，含弘萬有究其極，不外中道而已。「喜怒哀樂之未發，謂之中，發而皆中節，謂之和，中也者，天下之大本也，和也者，天下之達道也。致中和，天地位焉，萬物育焉」（《四書集注》，中華書局）。中庸之道更加偏向於中和。中和正是對中庸的詮釋，中在未發之時，客觀地存在於那裡；中在由人付諸應用之後，外理得當，無不中節，名曰和。用中的結果即達到和的狀態，而這正是中庸的本來含義。

2.2.2.2佛教中道學說

中道（madhyamapratipad）作爲佛教教義，被認爲是佛教的最高眞理，大、小二乘各宗均把它作爲弘法的基本態度，也就是說中道就是不苦不樂（不追求痛苦、不追求快樂）的修行方法。中道思想在佛教中最早源自於佛陀聽琴悟道。佛陀歷經六年的苦行生活，深深體會到「行在苦者，心則惱亂；身在樂者，情則樂著。是以苦樂，兩非道因。行於中道，心則寂定」，並將其總結爲「離於偏執，履中正而行，這才是解脫之道」。當時印度有六師外道，在修行上有順世派的極端享樂主義者，有尼乾陀的極端苦行主義者；對於宇宙人生問題的看法上，有極端的「宿命論」與「無因論」，這種各執一端的說法，佛陀認爲均不可取。爲了不落於偏見，因此「離於二邊，而說中道」：在修行上，要不偏於苦行或縱樂的生活；在思想上，要離於有或無、常住或斷滅兩種極端的見解。

佛教教眾普遍認爲後世所說道理，不墮極端，脫離二邊（有無、增減、苦樂、愛憎等二邊之極端、邪執），就是中道。在佛教的教義及經裡都有論述，《大寶積經》中「常是一邊，無常是一邊，常無常是中，無色無形，無明無知，是名中道諸法實觀；我是一邊，無我是一邊，我無我是中，無色無形，無明無知，是名中道諸法實觀」，《大智度論》「常是一邊，斷是一邊，離是兩邊行中道」，又「諸法有是一邊，諸法無是一邊，離是兩邊行中道」。

大小乘對中道解釋不盡相同。小乘佛教一般以八正道爲中道；天臺宗以實相爲中道，把中道作爲三諦之一，即空諦、假諦、中道第一義諦；相宗以唯識爲中道，主張無有外境故非有，有內識在故非空，非空非有是中道；三論宗以「八不」爲中道，「中道佛性，不生不滅，不常不斷，即是八不」；中道又有一眞不二的名稱，含義與眞如、法性、法身、法界、佛性、實相等相同。

在國外，日本著名的宗教活動家池田大作，在1959年就提出了著名的「第三文明」論，並在此基礎上提出了「中道學說」。他的中道思想是以佛教天臺宗的「三諦圓融輪」爲基礎，吸收其它思想素材形成的。其主要內容有：（1）「色心不二」強調調和思想。他認爲色法和心法「在各自的側面發揮著生命的能動性，同時在一個生命體中又成爲渾然的一體」。（2）「依正不二」主要是說明人類與存在、環境的關係。他認爲：「人和自然不是相互對立的關係，而是相互依存的」，是「一體不二」的關係，兩者之間相互影響，相互作用。（3）「生死不二」主要是解釋人生的問題。他認爲：「生命的本質在無限的延續下去，不過，有時取顯現狀態，有時取冥伏狀態而已。」（4）「善惡不二」主要是論證人性的問題。他認爲：「人的本性既非善，也非惡，而是兩者兼而有之」。（5）「資社不二」主要是闡述當今國際政治問題，強調調和思想等。他說「中道思想」同「單純的中間、對立、妥協等膚淺的解釋不屬於同一層次」，是一種「擁有強有力主張、注意，具有打破、主導、包容、統一既成思想之力量的大原理」[10]。總結來說，池田大作「中道思想」的核心精神是把世界的發展看成一個統一體，各種事物間的關係不是絕對對立的，而是和諧的，有序的，相互依存的[11]。

佛教一方面把中道看作是脫離二邊的最高眞理；另一方面也把中道作爲行爲規則，就是在不斷的修正中，接近和達到解脫的不二之道。

---

10 何勁松.創價學會的理念與實踐[M].北京：中國社科出版社，1995：179.

11 池田大作.走向21世紀的人與哲學[M].北京：北京大學出版社，1992.

2.2.2.3道家中道學說

道家鼻祖老子提出要「守中」，要「執兩用中」。《道德經》卷首即開宗明義「道，可道，非常道；名，可名，非常名」，他的觀物無爲方法，是從自然爲主的角度來探究經權常變。莊子說，爲人做事要「執一統眾」、「守中致和」，並以庖丁解牛爲例，提出了「緣督以爲經」，亦即行中道以爲常法的養生方法。王弼用老、莊思想「以傳解經」注解《周易》，是乘兩漢象數易學「極弊而攻之，遂能排擊漢儒，自標新學」（《四庫全書總目》），突出的偏重人事，基本上以簡約的義理注解《易經》，符合了「明經取士」的目的，被認爲是借《易經》來宣傳老莊玄學，因而被後世稱爲玄學易。

儒家和道家分別取用了《易經》的「理、形」及「氣、數」爲主體，闡明其間縱橫向的作用，而橫向和縱向的綜合體現爲「時」，即一切以「實用」爲主。在識時上，儒家以「人爲主，兼及天地宇宙的天人合一」的知識體系；道家則是以「自然爲主，含融人的天人合一」的知識體系。在適時上，儒家採用了「中庸之道」，而道家採用了「自然無爲」。

2.2.2.4其他中道學說

諸子百家學派紛紛吸收《易經》的中道學說，從某一視角對其進行了發展與探究。以兵家爲例，孫子強調「兵無常勢，水無常形」，主張要適時而變，找到恰當的點一蹴而就，這與中道思維的「變易求中」同理。農家講究應天順命，在遵循客觀規律的同時，發揮主觀能動性，才能取得好的收成。

在這之後，後世更是將中道思維發揮的淋漓盡致，使之在各個方面都發揮了極大的效用，比如周作人就曾就中道思想對寫作的指導發表過自己的看法。而偉大領袖毛澤東更是深諳中道思想，並運用馬克思主義唯物辯證法對這種思想進行了闡述，在1939年2月致張聞天的信中，毛澤東指出：「『過猶不及』，肯定質的安定性，是兩條戰線鬥爭的方法，是重要的思想方法之一，……」。毛澤東的著作中闡明的路線本質就是行中道。行中道不是走中間路線，也不是折衷，而是一種統籌。

馮友蘭吸收中國傳統中道思想，雜以自己的人生觀點，形成了中道人生觀：新人生論。用他自己的話來說，就是「依所謂中道諸哲學之觀點，旁採實用主義和新實在論之見解，雜以己意，糅爲一篇即以之吾人所認爲較對之人生論焉」。他繼承和發揮了儒家的「中和」觀念，強調在人際關係中要適當抑制個人的欲求，力求達到「致中和」，認爲對於事物持不偏不倚、無過無不及的態度，才是人生道德的最高標準，這在當時保持人際關係和促進社會關係穩定是有意義的。但還應指出，馮友蘭對「中道」哲學過分偏愛，中道思想一直貫徹他思想的始終。他的中道人生觀強調恰如其分，強調適可而止、適度，即所謂的「中」。他強調不偏不倚、不一不二、相即不離的基本精神，容易否定主要矛盾和矛盾的主要方面，進而否定「質」的規定性。

至今爲止，中道學說仍在我們的生活中發揮著重要作用，從中國大局——和諧到我們每個人的日常言語行爲，都留有中道的痕跡。因而探究《易經》中道學說，並以之來指導我們的行爲思想實具有重大的意義。

2.2.3 《易經》中道思維

學術界對《易經》中道思維的研究還處於起步階段，絕大部分學者在談及中道思維時，總是聯想到陰陽和諧，且都與儒家的中庸之道相聯繫。不可否認，中道思想在儒家學說中居於十分重要和顯著的地位，有記載說孔子老年學《易》，韋編三絕，年久而得。從這一角度上說，儒家中庸之道的思想源自於《易經》。但儒家僅僅是從某一個角度對《易經》中道思維進行了解讀。《易經》中道思想以儒家爲主流，其他學派從其旁支而起。古今許多國學家都有類似的說法，比較一致地肯定了《易經》這一基本思想。

著名易學專家李鏡池先生認爲《易經》的中道思想有正確、度、內心等意義，且有「中」、「中行」、「中孚」等概念，還有爻位、兆辭顯示。《易經》乾卦提出的太和反映了和諧與剛柔協調一致，保持了最高的和諧。這種最高的和諧並非如道家所設想的那樣，是一種無須改變的既成事實，而是一種有待爭取的理想目標。因此《易經》重視發揮「自強不息」的奮發有力的精神12。其他學者如余敦康等人也從不同的角度（和諧，適度等）論述了《易經》中道思想，但仍與李鏡池先生的觀點相似，認爲《易經》中道重在「中」，追求和諧，適度，剛柔相濟。

臺灣著名學者曾仕強教授在《大易管理》中提到中庸之道簡稱「中道」，中道代表中庸之道。同時，他首次提出中道管理，認爲合乎中庸之道的管理就是中道管理，目標在求恰到好處，以便安人。簡言之中道管理，就是依循仁、義、禮的道理，實施合乎人性的合理化管理，目標在求恰到好處，以便安人。曾教授依據大學之道在《中道管理》一書中，第一次提出了M理論即中道管理理論，認爲管理的三向度，即「安人之道」、「經權之道」和「絜矩之道」。中道管理應以安人爲目標，依經權而應變，用絜矩（將心比心）來促成彼此的和諧合作。其目的就是要正本清源，洞悉人性，幫助各界管理者實施眞正適合中國人的中道管理。

由此可見，《易經》中道思維的內涵非常富有，因而有必要對其進行詳細系統的研究與探究。

2.2.4小結

儘管東西方存在諸多不同觀點，但他們在中道的內涵上是統一的，都認爲中道就是「適度」、「和諧」、「合理」。而我們分析對中道持懷疑態度學者的思想，可以發現他們大都把中道思想等同於「折衷主義」。而實際上，中道思想與折衷主義有著質上的區別。折

---

12 李鏡池.周易探源[M].中華書局，1978.

衷主義的實質是在各種不同的因素中，特別是在對立的不同質的因素中去求取中間道路。可中道思想不但沒有這種含義，而且就其本來的意義來講是堅決排斥折衷主義的。中道思想是指「適度」、「適中」、「執中」、「無過無不及」，是在同質的因素中掌握度的問題，在數上不是簡單的取中間，在質上是指「同一」。用亞里斯多德的話講，就是「在過度與不及裡，不能有適度」。中道思想對是非曲直的區別有著鮮明的態度和嚴格的界限，這與良莠不齊、善惡不辨、不講原則、萬事求同的折衷主義是截然不同的。對於中道思想，我們用詩人卡魯樸素的筆寫來，就是「牢牢把握我們的戰船，使它既保持在岸邊細浪之外，又不被深海的狂濤掀翻」。

2.3戰略決策相關理論

2.3.1決策相關理論

關於決策的定義眾說紛紜。比較爲世人認可的觀點一般有兩種：一種是由H・A・Simon提出的「管理就是決策」；另一種就是中國社會科學院副院長于光遠提出的「決策就是做決定」。這兩種不同的定義，從不同的角度揭示了決策的基本內容，那就是在兩個或兩個以上的可行方案中進行擇優。著名管理大師羅賓斯指出，「正確做事很重要，但更重要的是做正確的事，換言之，執行很重要，但比執行更重要的是決策」[13]。

決策理論一直以來都是經濟學和管理學研究的重點。決策理論的主流經歷了古典決策理論、現代有限理性理論、當代行爲決策理論的演變，越來越重視行爲、心理、思維的作用。工業革命以來的幾十年裡，國內外的學者從不同的角度對其進行了研究，並將其應用到管理

---

13 羅賓斯.管理學第7版（孫建敏譯）[M].北京：中國人民大學，2003.

實踐中應對不確定性等研究領域，取得了豐富的研究成果。

2.3.1.1決策理論的歷史沿革

從歷史上看，決策理論科學化起源於工業革命（劃分爲第一階段），是西方工業文明的一個成就。在決策科學發展的第一個階段（古典決策學），美國的泰勒、法國的法約爾和美國的牟尼、其後的厄威克等人進行了開創性的工作。主要依據亞當・斯密的經濟理性主義和傑文茲的經濟效率理論中的「最優標準」概念，來看待企業經濟目標的制定問題，但還沒有形成專門的決策理論。他們認爲人是堅持尋求最大價值的經濟人，在確定環境的基礎上，決策的過程是不受時間、精力、資源等因素影響，交易成本爲零。經濟人具有最大限度的理性，能爲實現組織和個人目標而作出最優的選擇。其在決策上的表現是：決策前能全盤考慮一切行動，以及這些行動所產生的影響；決策者根據自身的價值標準，選擇最大價值的行動爲對策。這種理論只是假設人在完全理性下決策，而不是在實際決策中的狀態。

第二階段現代有限理性的行政人階段。在國外，「決策」一詞是二十世紀三〇年代由巴納德（C.I.Barnard）等人率先引入管理理論的。作爲社會系統學派的代表人物，巴納德同時被稱爲「現代組織理論的創始人」。他在《經理人的職能》的「正式組織的要素」中，提出了有關決策過程和隨機應變主義，將決策看作是組織行爲的特徵，認爲組織行爲就是「分配給資訊交流線路中各個職位的相互作用的決策過程」，第一次將決策提到了管理的核心上[14]。決策過程永遠不會終結。巴納德關於決策過程的理論，是從屬於其協作和組織理論的，較多關注的是決策的組織特性，而忽視了決策過程的個人特性（西蒙稱爲決策中的價值因素），較爲抽象和一般化，難以用於管理實踐。

---

14 飯野春樹.巴納德組織理論研究（王立平譯）[M].上海：三聯書店，2004.

正如日本管理學家占部都美所言：「巴納德是現代管理論的生父，西蒙是巴納德的直接繼承人。」[15] 西蒙繼承了巴納德關於人的決策能力有限的思想，在其基礎上進行了深化和創造性發展。他著重分析了心理因素對企業中人的決策行爲的影響作用，提出更符合現實的「有限理性的管理人」認識。西蒙在研究中注意到，組織中的任何實踐活動，都是由「決策」和「執行」兩個方面組成的，管理不僅應該被看作是行爲的過程，而且也是決策的過程。因此，決策制定過程是理解組織的關鍵所在，決策行爲是管理的核心，決策也就成了西蒙管理理論研究的基本單位，西蒙以此爲切入點，通過組織決策過程的角度來理解組織，以此爲基礎去分析組織問題。同時，他認爲決策是一種「鏈式」反應的過程，人們的行爲目的總是逐步實現的，在決策的每一步驟中以及在多個決策組成的複雜決策中，上一步驟或者上一決策所要達到的目的，反過來又是實現下一步驟或下一決策的手段。因此，在決策過程中，初始階段以事實判斷爲主，隨著這一過程向最終目的逼近，從決策的整體過程來看，事實判斷所占的比重越小，價值判斷所占的比重越大。在此基礎上他提出了系統化的決策過程模型。這一過程由四個步驟組成：（1）確定決策目標；（2）擬訂各種被選方案；（3）從各種被選方案中進行選擇；（4）執行方案。西蒙也因此於1979年獲得諾貝爾經濟學獎，被西方稱爲開創性的決策學專家。歸納起來講，以西蒙爲代表的決策理論學派，把決策看作貫穿於管理活動中的核心內容，認爲「管理就是決策」，決策過程是可以用目的——手段方法來分析的。決策貫穿管理的全過程，決策程序就是全部的管理過程。但西蒙的思想只限於企業經濟目標的狹義決策學上，雖然加深了舊的技術知識的深度和廣度，在決策思維和創造功能的研究上，還處在比較膚淺的階段。

在決策理論學派勢微之後，決策理論一方面沿著西蒙所認爲的

---

15 占部都美.怎樣當企業領導[M].北京：新華出版社，2008.

「筆直軌道」前進，例如美國普林斯頓大學的 Daniel Kahneman教授在西蒙的基礎上，進一步研究決策中的抉擇行爲問題，提出了前景理論（Prospect Theory）來解釋現實人們決策的種種與「完美理性」的偏離現象；另一方面是針對決策理論學派的不足發展出現了行爲決策，同時與之相應的眾多的決策理論也開始登上舞臺，例如統計決策、序貫決策、多目標決策、群決策、模糊決策、集成決策等理論。決策理論進入第三個階段。

第三個階段行爲決策理論，起始於阿萊斯悖論和愛德華茲悖論的，他們針對理性決策理論難以解決的問題另闢蹊徑進行了發展研究。他們從決策者的決策行爲出發，集中研究決策者的認知和主觀心理過程，關注決策行爲背後的心理解釋；同時從認知心理學的角度，研究決策者在判斷和選擇中資訊的處理機制及其所受的內外部環境的影響，進而提煉出理性決策理論所沒有考慮到的行爲變數，修正和完善理性決策模型。

行爲決策理論學派的主要內容包括：（1）人的理性介於完全理性和非理性之間。（2）決策者在識別和發現問題中容易受知覺上的偏差的影響，而在對未來的狀況作出判斷時，直覺的運用往往多於邏輯分析方法的運用。（3）由於受決策時間和可利用資源的限制，決策者即使充分瞭解和掌握有關決策環境的資訊情報，也只能做到儘量瞭解各種備選方案的情況，而不可能做到全部瞭解，決策者選擇的理性是相對的。（4）在風險型決策中，與經濟利益的考慮相比，決策者對待風險的態度起著更爲重要的作用。決策者往往厭惡風險，傾向於接受風險較小的方案，儘管風險較大的方案可能帶來較爲可觀的收益。（5）決策者在決策中往往只求滿意的結果，而不願費力尋求最佳方案。

行爲決策理論抨擊了把決策視爲定量方法和固定步驟的片面性，主張把決策視爲一種文化現象。例如，威廉・大內在其對美日兩國企業在決策方面的差異所進行的比較研究中發現，東西方文化的差異是導致這種決策差異的一種不容忽視的原因，從而開創了決策的跨文化比較研究。

決策學的另一重要分支即博弈論（Game Theory），博弈論以個人理性為基礎，更加強調理性人的假定，由此出發，對個人理性和集體理性的矛盾進行研究，探討決策在個人理性基礎上如何達到集體理性。馮・諾依曼與奧斯卡・摩根斯坦恩在1944年出版的《博弈論》，概括了經濟主體的典型行為特徵，提出了標準型、廣義型與合作型博弈模型、解的概念和分析方法，將決策學更加理性化。澤爾騰將納什均衡引入動態分析，提出「精煉納什均衡」概念，海薩尼提出了不完全資訊博弈和貝葉斯均衡概念，後人在其基礎上建立了著名的「四人幫模型」。美國斯坦福大學的研究團隊在對快速時變的動態風險決策研究的基礎上，建立了一套決策分析和人工智慧管理方法為基礎的風險測度模型和決策模型框架。

2.3.1.2決策理論研究範式

決策是多學科共同努力的結果，Russo（1998）認為決策的發展可以歸結為兩個範式，即規範性範式和描述性範式。

（1）規範性範式（標準化決策）——經濟學的角度

規範性範式汲取了經濟學、統計學的成分，將決策者看作是理性人，即個體總是追求個人利益的最大化，從而在有限的資源環境中，努力做出最佳決策。標準化的決策就是建立在這一假設的基礎上，認為我們可以建立最優或完全理性、具有普遍適用性的決策模型，這類模型以定量化的形式出現。它力圖構建一個行為範式，告訴人們應該做什麼，怎樣去做，具有標準的模型可用。然而這種模型過多的假設和限制條件，局限了它的應用，同時現實世界裡很少有人能夠達到「理性人」的標準。

（2）描述性範式（描述性決策）——心理學的角度

描述性範式更多的是與心理學相關，其典型理論為前景理論。1979年的諾貝爾經濟學獎獲得者西蒙，在《理性選擇的行為模型》一書中，首次使用「有限理性」一詞，指出現實生活中的人是有限理性的，將決策領域的研究導向了問題解決和資訊加工模式。在「有限理性」思想的指導下，決策領域的研究開始對現實生活中人的決策過程展開探討。

描述性範式更多的是從人的心理入手進行了探討。它的觀點與標準化範式相反，僅僅對現實中人的決策行爲作出描述性的說明，並一步步描述決策者認識和思維過程，告訴人們「現實中決策是如何作出的」。它涉及了非理性因素的研究。

前景理論是描述性範式的代表理論。這一理論著重於對人類決策的選擇和各種決策偏差的發現和描述。在前景理論中，Kahneman等（1974）論證了有限理性個體任何使用非理性因素獲得啓發作出決策的。

從上面的梳理中我們可以看出，規範性範式是從經濟學的角度出發，建立在理性人基礎上，將研究者的作用看作是機器人，古板機械化的按照設計好的流程執行所謂的最優決策；描述性範式是從心裡學的角度出發，建立在有限理性的基礎上，將研究者的作用看作是教練，靈活的根據實際情況作出決策。

2.3.1.3決策者認知水準

（1）**完全理性決策。**在這種決策方式下，決策者是完全理性的，掌握了問題的全部資訊，而且有處理這些資訊的能力，追求最優的結果。這種觀點以在古典管理階段被深深認可，但隨著科技及人類認知水準的發展，這種理論已逐漸退出舞臺。

（2）**非理性決策。**在這種決策方式下，決策者對所要處理問題的機理和資訊都非常含糊，無法事先估計，決策過程表現爲「走走看看」、「摸著石頭過河」。 非理性決策論代表人物有奧地利心理學家S.佛洛德和義大利社會學家V.帕累托等。該理論的基點既不是人的理性，也不是人所面臨的現實，而是人的情欲。他們認爲人的行爲在很大程度上受潛意識的支配，許多決策行爲往往表現出不自覺、不理性的情欲，表現爲決策者在處理問題時常常感情用事，從而作出不明智的安排。

（3）**有限理性決策**。這種決策方式下，決策者是有限理性的，決策者追求滿意的結果。現代決策理論在此基礎上繼續發展，提出了柔性決策方式。這種決策方式也是一種有限理性決策方式，但強調決策的柔性特點，即決策者的願望、約束條件和決策目標等。除了我們前面提到的巴納德和西蒙外，還有很多學者在有限理性決策上提出了有意義的理論。

范家驤教授在《管理行爲》中文版的代序中所說：「完全理性導致決策人尋求最佳措施，而有限度的理性導致他尋求符合要求的或令人滿意的措施」。

2.3.1.4決策理論在中國的發展

我國現代決策理論的研究，嚴格的說始於1970年代末，現在已有了巨大的進步。例如1975年郭明哲著《經營決策之研究》，1982年中國人民大學出版由赫伯特·西蒙編寫的《管理決策新科學》，1985年孫錢章著的《社會主義經濟決策學》問世，1986年張順江先生的《決策學基礎》開始得到國人的認可。同時，一些專門的機構也開始成立，1981年4月，全國決策科學方法研討會在北京舉行，會議明確了科學預測要爲決策服務的觀念；1986年武漢大學成立中國第一個決策科學研究所；1998年「元論決策學」在網上建立「中國決策」網站；2004年「中國決策學」網站開通。

我國科學家王眾托（1999）引入元決策的概念，認爲決策過程的全過程都貫穿著分析與抉擇。他認爲，元決策就是對決策進行的決策，是根據決策者和決策環境以及決策任務的特點，對決策風範、決策方式、決策步驟所作出的選擇。這個選擇是面對決策全過程的，從問題與機遇的發現、問題的定義、資訊和知識的採集處理、方案的設定直到方案決策、措施擬定、即時回饋，這種對決策過程的決策，就是所謂的元決策。元決策和具體問題的決策，形成了一個兩層次的結構，元決策居於上層。它的分析與抉擇是針對決策過程而不是具體決策的對象，在進行元決策活動時，決策的參與者既是決策的主體，又是決策的客體，即具有雙重身份：一方面作爲決策者參與決策活動，另一方面，作爲元決策者，又要把作爲決策者的自己和決策環境放在一起，作爲自己研究的對象。總之，元決策是對一般決策理論的新發展和突破。

在決策認識方面，我國學者也取得了重大的成績。如姜聖階、張尚仁、陳志良等。陳志良在《思維的建構和反思》一書中，提出在堅持能動反映思想的前提下，則把當代認識發展的看作是向「選擇性認識」、「求解性認識」轉化，這在很大程度上是決策性認識，間接地證明了從認識論層次上研究決策的必要性。王霧在《認識系統運行論》一書中，把決策認識視作整個認識系統發展過程中的最高階段，並論述了決策認識的若干特徵。姜聖階在《法元論》一書中，提出了辯證唯物主義與系統論、資訊理論、控制論的歸一說，並把它作爲決策科學的哲學基礎。黃健榮分析了決策理論中的理性主義與漸進主義及其適用性。張士昌、曹靖宇對決策偏好的理性思考進行了分析，等等。

2.3.2戰略決策理論

2.3.2.1戰略決策與戰略管理

按照四川大學揭筱紋教授的觀點，戰略管理是對戰略的制定、實施和評價使組織達到目標的跨功能決策的藝術和動態統籌的方法，而戰略決策是戰略管理過程中一個重要的部分。戰略決策三要素指在戰略制定過程中，所涉及到的三個影響戰略決策的因素，即戰略背景、戰略內容、戰略過程。戰略背景是指戰略執行和發展的環境；戰略內容是指戰略決策包括的主要活動；戰略過程是指當戰略面對富於變化的環境時，各項活動之間是如何聯繫的；戰略背景，戰略內容和戰略過程三個要素共同決定了一個戰略決策。戰略決策通常由高層領導進行16。

戰略管理和戰略決策是一對經常可以互換的概念。決策理論的提出者西蒙認爲管理就是決策，反過來決策就是管理。但是我們認爲戰略管理的外延要大於戰略決策。企業戰略管理是指企業在變化的市場環境中，企業從整體和長遠利益出發，就經營目標內部資源及環境的積極適應等問題進行謀利和決策，並依據企業內部能力將這些謀劃和決策付諸實施。戰略決策包含於戰略管理，是戰略管理各環節中重要的一環（shcwekn，1995）。

2.3.2.2戰略決策歷史沿革

我們將研究範圍界定在「戰略決策」上，而通過上面的論述，我們發現戰略管理和戰略決策有著密切的關係，因而我們有必要從戰略管理的歷史發展角度來對決策理論進行評述。

（1）以環境為基點的經典戰略管理理論階段

二十世紀六〇至七〇年代，戰略管理開始受到人們重視，以企業外部環境和內部實力分析爲始點的戰略管理思維，被推到了學界和企業界討論的前沿。在這一階段，「戰略形成」是戰略管理研究的焦點，「三安範式」佔據主導地位。該範式強調戰略匹配或戰略契合，認爲戰略的核心就是企業內部獨特的資源與外部環境的合理匹配。也就是說這一階段企業進行戰略決策的首要考慮因素，就是企業內部資源與外部環境是否匹配。

美國著名管理學家錢德勒（Chandler）在《戰略與結構》一書中，最早對戰略管理問題開始了研究，分析了環境、戰略和組織結構之間的關係。他指出，企業的戰略應當順應環境變化，滿足市場需要；「戰略決定結構」，組織結構必須適應企業戰略，隨戰略變化而變化。在錢德勒之後，就戰略構造問題形成了兩個學派：「設計學派」和「計畫學派」。

---

16 揭筱紋.戰略管理原理與方法[M].北京：電子工業出版社，2006.

以哈佛商學院安德魯斯（Andrews）教授爲代表的設計學派，認爲經營戰略就是使組織自身的條件與外部所遇到的機會相匹配適應，並依據此建立了將戰略構造分爲制訂與實施兩大部分的基本模型。具體來講，該學派認爲在制訂戰略的過程中，首先要分析企業的優勢與劣勢、機會與威脅；同時在戰略實施過程，中高層的經理人員必須監控督導戰略執行，以防戰略偏離；最後，構造戰略的模式應該簡單而又非正式，而且最優秀戰略應該是具有創造性和靈活性的。

以安索夫（Ansoff）爲代表的計畫學派，主張戰略構造應該被置於一個有控制、有意識的正式計畫之下；組織的決策層應該負責計畫的制訂、實施、評估回饋的全過程，而制訂、實施計畫等實際執行人員則需要對高層決策者負責；實施目標管理，通過專案、預算的分解來實施所制訂的戰略計畫……。安索夫在1965年出版的《公司戰略》中提出，戰略行爲是企業對其環境的適應過程，以及由此而導致的組織內部結構化的過程；企業戰略的基點是追求自身的生存與發展。

總之，儘管這一時期學者們的研究方法叢生各異，具體主張也不盡相同，但其核心思想基本是一致的，具體可歸結爲以下幾點：①企業戰略的出發點是適應環境。只有適應不斷變化的環境，企業才能求得生存空間，並獲得持續穩定的發展。②企業戰略以提高市場佔有率爲目標。在經典戰略管理中，「企業如何獲取理想的市場」這一命題占居核心地位。③「戰略決定結構」，企業戰略要求組織結構要與之保持一致，隨之變化。這些核心思想，爲企業戰略管理理論的形成與發展奠定了堅實的基礎。

（2）以產業（市場）結構分析為基礎的競爭戰略理論階段

在前面的論述中，我們可以發現經典戰略理論缺陷之一就是忽視了對企業競爭環境進行分析與選擇。麥可·波特將產業組織理論中結構（S）、行爲（C）、績效（P）的分析範式引入企業戰略管理研究，提出了以產業結構分析爲基礎的競爭戰略理論，在一定程度上彌補了這一缺陷。

波特認爲，企業盈利能力取決於其競爭戰略的選擇，而競爭戰略的選擇應基於以下兩點進行考慮：①選擇進入的行業必須是有吸引力的、高潛在利潤的產業。②確定自己優勢的競爭地位。而要實現上述兩點，就必須對將要進入的產業結構狀況和競爭環境進行系統深入的分析。

基於此，波特提出了著名的五力模型：進入威脅、替代威脅、現有競爭對手的競爭以及客戶和供應商討價還價的能力。他認爲產業的吸引力與潛在利潤，是上述五個方面的壓力所產生的相互作用的結果。因而他提出，首先要利用五力模型進行分析，並在此基礎上選擇通過哪種通用戰略（總成本領先戰略、標新立異戰略和目標集聚戰略）贏得競爭優勢。其次，要對各個具體產業的環境進行詳盡分析，把上述三種通用戰略加以具體化。

同經典戰略理論相比，競爭戰略論雖然取得了巨大的進步，但仍缺乏對企業內在環境的考慮，因而無法合理地解釋「夕陽產業仍有企業可以持續盈利，而在吸引力很高的產業中卻又存在經營狀況很差的企業」。波特後來對此缺陷有所認識，提出了以價值鏈爲基礎的戰略分析模型，試圖彌補原有理論的不足。但是，由於供應鏈涉及方面過多，在實際操作過程中，往往出現對關鍵環節關注不夠的情況。在這樣的形式下，以資源、知識爲基礎的核心競爭力理論獲得了人們的關注，開始迅速崛起。

（3）以資源、知識為基礎的核心競爭力理論階段

隨著電子資訊技術的迅猛發展，企業的生存環境越來越複雜多變，企業開始注重對自身獨特的資源和知識（技術）進行積累整合，以形成特有的競爭力（核心競爭力）來應對惡劣的競爭環境。以資源、知識爲基礎的核心競爭力理論的提出正是對這種轉變的積極回應。

這一理論認爲，培養發展企業的核心競爭力是企業得以基業長青的重要因素。核心競爭力的形成要經歷企業內外部資源（特別是知識、技術等資源）的長期有效的積累與整合。而只有當資源、知識和能力同時符合有價值（能增加企業外部環境中的機會或減少威脅的資源、知識和能力才是有價值的）、獨特稀缺（企業獨一無二的，沒有被當前和潛在的競爭對手所擁有）、不可模仿（其它企業無法在短期內通過各種手段獲得）、難以替代（沒有戰略性的等價物）的標準時，它們才能發展成爲企業的核心競爭力並形成企業持續的競爭優勢。要培養和發展核心競爭力，就必須首先深入分析自身狀況，然後依據上述四個標準，選擇其中某一方面或幾個方面，充分發揮這一方面或幾個方面的優勢，進行積累整合，使之稱爲企業持續發展的基礎。

顯然，核心競爭力理論更進一步，克服了經典戰略管理理論和競爭戰略理論的不足，爲企業將戰略管理落到實處提供了更加符合實際的理論依據。企業的穩定需要不斷發展已有的並持續建立新的核心競爭力。爲此，企業應根據對社會大趨勢、技術進步等前瞻性的預測，從現實的市場出發來構想未來的產業，建立企業的戰略遠景，培養新的核心競爭力，從而使自己永久地保持核心競爭能力的領導地位，成爲未來產業的領先者。

2.3.2.3戰略決策機制

戰略決策機制是指企業內部決策主體之間，以規範決策主體決策權力、提高戰略決策品質與實現企業既定利益爲目標，通過多種多樣的相互聯繫和相互作用，從而形成的關於決策權力的分配以及決策運作的程序、規則與方式等一系列制度性安排的總和。國內外經驗表明，好的戰略決策來自於好的戰略決策機制。富豪集團總裁雷夫·約翰松認爲一家管理良好的跨國企業，需要同時做到兩點，一是有著明確的戰略目標，二是擁有良好的結構性決策機制。

企業戰略決策機制在各種因素的影響下形成了不同的決策模式，主要有三種基本的模式：集權決策模式、分權決策模式、群體決策模式。集權決策模式就是將企業中大部分的生產經營活動的決策權，都高度集中在最高管理者或最高管理集團的管理者或者相關部門。群體決策模式往往是企業的高層、各有關職能部門以及各種專業的委員會等形式共同參與決策的一種模式。集權決策模式與分散決策模式是相對的，高層管理者為了保證決策的正確性、及時性以及決策的成本，應該利用各種工具把握好決策權的分佈。

郭國慶，陳凱（2004）實證研究了民營科技企業的決策機制，認為個人獨資企業的決策特點為：個人決策，高度集權，企業家個人居於主導地位，但與企業家密切的人員會參與決策的過程並影響決策，決策主觀色彩濃，科學性差。在家族企業中，集權的現象更為嚴重。

沈雲林（2006）認為「決策機制是決策主體與決策規範的結合體，它是決策意圖與決策行為的載體，是決策科學性、準確性和效率性的保證」。他根據決策主體的數量將決策機制大致分為四種類型：一維決策機制、二維決策機制、三維決策機制和四維決策機制。

2.3.2.4戰略決策模型

在戰略管理開始得到人們的關注時，有限理性決策已經取代完全理性決策，成為了決策學的主流。在這一階段中，以西蒙的有限理性決策模型最為著名。西蒙認為決策的制訂過程由發現決策的機會、找出可能的行動方案、在這些行動中作出決策、決策實施後的評價組成，並分別稱之為情報活動、設計活動、抉擇活動和回饋活動。並將標準由「最優」發展為「滿意」原則。

上世紀七〇年代，明茨伯格在對加拿大的企業進行研究後，將決策過程描述成由主歷程及對其干擾形成的含有分支和循環的事件序列，並將決策活動細分為簡通型、政治設計型、搜尋型、搜尋設計型、設計型、受阻型、受阻設計性和動態搜尋設計型七類，認為影響決策過程類型的主要因素，為決策方案和決策進程中所遇到動態因素的性質。同時，提出了一個三階段模型，即確認、展開和選擇，其中在每一個階段中都有許多慣例。①在識別階段，包括識別慣例（識別機會、問題、危機）、診斷慣例（機會、問題、危機等相關資訊的收集）。②在開發階段，包括搜索慣例和設計慣例，前者產生問題的可提供選擇的方案，後者對被識別的準備後的方案進行修改，以匹配特定的問題或設計新方案。③在選擇階段，包括顯示慣例，即更多的可選方案被搜索發現時時，這一活動啓動，可選擇方案被快速掃描，進行初步優選，刪除十分明顯的不良方案；評估選擇慣例，方案的選擇主要通過兩種不同的途徑，一種是通過分析和判斷過程，另一種是通過決策者之間的討價還價；認可慣例（又稱爲授權慣例），決策者授權給制訂決策的個體，使其有權利向組織承諾行動的過程。

Cohen等人在七〇年代初提出了「垃圾桶模型」。這個模型的現實基礎是某些組織中或決策情景下，以不確定的偏好、不清楚的技術和流動的參與者爲特徵的「有組織的混亂」現象。馬奇把這種組織現象看作是尋覺決策機會以借之發洩的觀點和情趣、尋求疑慮的選擇和問題以使其可作爲答案的結論，他認爲所有的組織中都局部或不時的存在這種現象。在這種情況下，決策機會便成了一個決策參與者可以隨時傾倒各種問題及其觀點的垃圾桶，而所形成的決策方案則是組織內相對獨立的各種流（如問題流、解答流、參與者注意流和決策機會流等）交匯的結果。

Hart（1992）提出了一個戰略制訂過程的五模式，分別是由高層管理團隊策動的命令模式，由內部過程和相互調整的交互模式，由組織使命和未來願景策動的象徵模式，由正式的結構和計畫驅動的理性模式，受組織活動者強烈影響的生成模式。

學者們同樣認爲戰略問題診斷是與戰略決策制訂緊密相關的另外一個主題。戰略問題診斷包括問題識別及其特點的評估，促使高層管理團隊提出問題並積極的制訂決策對策，以應對問題與挑戰。Nutt（2002）分析了決策任務與決策方法之間的匹配關係，提出了一個概念模型（如圖2-1）。當目標和產生結果的手段已知的時候，決策制訂者能夠通過飛行檢驗（pilot test）評估最佳選擇的手段，任務服從分析；當產生結果的手段已知，但目標未知時，由利益相關者組成的團隊作爲決策制定者，要求團隊尋求與參與者一致認可的選擇，任務服從商討；當目標已知，但產生結果的手段未知，決策制定者需要作出判斷識別能夠滿足績效標準的手段，任務服從判斷；在目標和產生結果的手段均未知的情況下，當需要適應緊急要求及關鍵的利益相關者的眞知灼見時，與利益相關者的決策者網路發現能做什麼並改變手段，任務需要靈感。

結果或目標		已知	未知
	已知	分析 Analysis	判斷 Judgement
	未知	商討 Bargaining	靈感 Inspiration

圖2-1 決策方法與決策任務的匹配

2.3.2.5戰略決策效率

關於戰略決策的效率，胡蓓，古家軍（2007，2008）認爲可以從決策成本、決策速度和決策品質三個角度衡量。決策成本，包括戰略制定者對決策的認同的成本、決策溝通成本、決策所花費時間帶來的時間成本和戰略制定過程中衝突造成的成本等；決策速度，即戰略制定者對環境變化的快速反應能力，以及制定重大決策花費的時間；決策品質，包括決策反映出來的效果，以及執行決策過程中解決問題和根據實際情況調整策略的應變能力。

孫海法，伍曉奕（2003）則認爲決策效率可以從以下三個方面進行衡量：即決策速度、決策品質和決策公正性。決策速度、決策品質與上述相同，決策公正性是指制定者對決策的認同，決策過程中的互動行爲導致的信任的增強，以及是否對群體有更清楚的認識等。

在決策速度的研究上，Bourgeois（1988）認爲「幾乎沒有戰略決策效率的研究」，而Bluedorn/Denhardt（1988）更是認爲，「儘管人們日益認識到決策速度等的重要性，但對於這一現象仍知之甚少」。可以說首先對戰略決策效率——特別是戰略決策速度方面開展研究的是Bourgeois /Eisenhardt。他們將決策的速度定義爲從一個決策的開始，到決策方案付諸實施的時間，歸納性地指出戰略決策速度和公司績效有著密切的聯繫，並研究論證了外部環境的動盪性、複雜性以及組織內部因素（管理的內容、決策水準和權力配置、管理團隊特徵）對戰略決策的影響。而Judge/Miller（1991）界定的決策的持續時間，是指「一個決策從開始到成熟方案付諸實施所持續的時間」。Wally（1994）提出了兩種途徑去測量決策的速度，一種是情景類比，另一種則是通過Likert五點量表去測量決策參與者對公司戰略決策速度的感知。

而戰略決策成本，作爲管理成本的一種，其主要是供長期決策所用的成本概念和成本資訊。決策成本不同於一般傳統的成本計算，它更多的是根據預測發生的費用來估算，並特別要求這種成本概念和內容與決策專案的相關性，特別強調機會成本的高低。根據決策的不同要求，決策成本的計算有很大的差異，其表現形式也是千差萬別的。

目前學術界關於三者的研究較少，並沒有提出很有創意的理論，還是僅僅局限於對各自傳統理論的修補式發展。本文認爲戰略決策速度、戰略決策品質和戰略決策成本、戰略決策公正性通常是一個事物矛盾的統一體，三者難以同時得以實現。如果既能減低決策成本又能保證戰略決策的正確性，同時考慮戰略決策的速度，保證決策的公正性，這將是所有組織決策層追求的目標。

2.4小結

一提到《易經》，人們的第一反應往往是「預測、占卜、算命」，用比較確切的術語來講，那就是人們往往視《易經》爲一本占筮之書，但我們深層次的想，占卜的目的是爲哪般？預測，決策，拍板。由此可見，決策一直是《易經》關注的一個重點。而中道思維作爲《易經》的重要價值感，其中蘊含著豐富的決策思想。

二十一世紀被《The Uses of University》（《大學的功用》）一書的作者克拉克・科爾（Clark Kerr，2001）比喻爲「狐狸世紀」，因爲相對於二十世紀的一切都可以有計劃地掌控而言，二十一世紀的一切顯得充滿了不確定性及不可預測性。特別是對作爲企業羅盤的戰略來講，更加難以把控。而縱觀整個決策科學的發展歷程，我們發現當前東西方的決策理論，始終未超出技術學領域，越來越多的學者意識到戰略決策理論要從歷史、科學、藝術向哲學高度昇華，並進而以其成熟的思想來指導企業決策實踐，決策科學未來發展的出路，也必然是哲學理論與決策科學的有機結合，然後在哲學理論的指導下，使決策理論在技術層面進一步向完善化的方向發展。因此向東方最古老的「智慧書」取經，研究中道思維的深刻內涵，從中汲取營養推動決策科學的發展，是符合決策其自身發展邏輯的。本文就是順應這一趨勢，對《易經》的中道思想及決策思維進行探究，在哲學高度上思考決策的發展，並在此基礎上建立了戰略決策模型並付諸操作層面，以提升現代企業的戰略決策能力和決策品質。

第三章　《易經》中道思維的管理內涵

研究中國眾多傳統典藉可以發現，關於中道思維這一思想的闡述遍於各經。儒家用「中」、「中正」、「中行」、「中和」、「中庸」和「中道」等概念表述中道思維，另外如亞里斯多德和池田大作的中道學說、孟子的中道學說以及佛經經文也有類似的思想。但從眾多相關學說的論述情況來看，對中道學說論述最早、最系統的應當首推《易經》，而中國傳統哲學中蘊含的中道思維的本源，實際上也是來自於《易經》。本章將從《易經》的卦爻辭、爻位思想、時位觀以及三才之道等基本知識入手，對《易經》的中道思維做進行深入研究，在此基礎上，從管理的角度對《易經》中道思維的內涵進行提煉和總結。

3.1《易經》體例概述

《易經》除了有卦符系統和卦爻辭組成的本經，還有對其思想進行詳細闡述和發揚的《易傳》。因此要讀懂《易經》並領會其中的諸多思想，必須對《易經》體例有個基本的認識，而這些內容除了卦符系統和卦爻辭之外，還有爻位及其性質、爻的關係以及六十四卦之間的錯、綜、複、雜。

3.1.1卦符系統和卦爻辭

《易經》卦符系統由六十四卦三百八十四爻構成。卦符系統的創作經歷了陰陽概念的產生、八卦創立和重卦三個階段。

古人從種種相互對立和轉化的事物、現象的直接觀察中產生了陰陽概念，並用兩種符號表示：陰爲（--），陽爲（—），前者稱爲陰爻，後者稱爲陽爻。爻有陰陽交錯的意思，它是構成八卦和六十四重卦的基本符號。陽爻代表明亮的、向上的、雄性的這些帶有主動行爲的因素，陰爻代表黑暗的、向下的和雌性的這些帶有被動或順從行爲的因素，因此寒暑、天地、日月、男女、黑白等萬物便被賦予陰陽性質，同時這一思想也擴大到自然界和人類社會中一切對立事物，喻示天地、君臣、男女、夫妻等，正所謂「天地之間無往而非陰陽，一動一靜，一語一默皆是陰陽之理」。

陰爻和陽爻兩種基本符號也被稱爲兩儀，陰陽相疊演化成四象，稱爲太陰、少陽、少陰和太陽。三爻成一卦，也即八卦，八卦便是三爻卦，也稱爲經卦。這便是我們經常聽到的「兩儀生四象，四象生八卦」。從數學上來看，八卦實際上是陰爻和陽爻的排列組合。《易經・繫辭上》有「古者包羲氏之王天下也，仰則觀象於天，俯則觀法於地，觀鳥獸之文，與地之宜，近取諸身，遠取諸物，於是始作八卦，以通神明之德，以類萬物之情」。這段講了八卦的形成過程，這八卦分別是：乾、坤、震、巽、坎、離、艮、兌。八卦都有一個基本象徵物，如乾象徵天，坎象徵水，艮象徵山，震象徵雷，坤象徵地等，同時也能從這些基本象徵中引申出眾多其他象徵，如乾爲君爲父，坤爲臣爲母。

八卦兩兩相重，出現六十四卦。六十四卦是六爻卦，也叫別卦，可以看作是八卦兩兩相重得來，但實際也可看作是陰爻和陽爻在六個位置的排列組合。《易經》以陰陽學說爲核心，以六十四卦、三百八十四爻爲框架結構，以象術語言規則體系反映世界萬物陰陽協調、剛柔相濟的大道。《易經》每卦由六爻組成，從下到上依次排列，稱爲初爻、二爻、三爻、四爻、五爻和上爻。一般陽爻以數字

「九」代表，陰爻以數字「六」代表，如二爻爲陰爻，稱爲六二，若爲陽爻則稱爲九二。朱熹說：「六十四卦，三百八十四爻，皆所以……變化之道也。」每卦又分別爲上下兩卦，上面稱爲外卦，下面的稱爲內卦，因此六十四卦中的每一卦都是由內外兩個八卦組成。

《易經》除了卦符系統，還有卦辭和爻辭組成的《易經》本經以及後人完成的對卦爻辭的解說，這些解說被稱爲《易傳》，分爲七個部分，包括《彖上》、《彖下》、《象上》、《象下》、《繫辭上》、《繫辭下》、《說卦》、《文言》、《序卦》、《雜卦》十篇。也被稱爲「十翼」。卦辭是對每個卦象含義的說明和吉凶判斷，爻辭則是對每卦各爻含義的說明和吉凶判斷。

3.1.2 爻位及其性質

《易經》三百八十四爻，陰陽各半。《易經》中每卦有六爻，爻所居的位置稱爲爻位，由下而上依次稱爲初、二、三、四、五、上。爻位都有定位，定位的基本規則就是分陰分陽：初爲陽位，二爲陰位，三爲陽位，四爲陰位，五爲陽位，上爲陰位，即奇爲陽位，偶爲陰位，初、三、五爲陽位，二、四、上爲陰位。在《易經》中，陰陽位與陰陽爻並非一一對應，即陰位未必是陰爻，陽位未必是陽爻，而多爲陰陽雜居，如陽居陰位，陰居陽位，故《易經》中有當位、不當位（或得位、失位）問題。如果陽爻居陽位，即一卦之中初、三、五三個爻位是陽爻，屬於當位；如果陽爻居於二、四、上這三個爻位便稱不當位。當位也稱爲正位或得位，表示陽爻居陽位，而陰爻居陰位，不當位也稱爲失位或非其位。當位的爻辭通常爲吉，不當位的爻辭通常爲凶。

爻位從下而上，代表不同的發展階段，或不同的空間關係，也代表不同的身份地位，依分析的具體問題而定。每一爻都有一定的功用和性質，初爻表示事物的開始，上爻表示事物最終形成，二爻與四爻都是陰位、三爻與五爻都是陽位，它們具有相同的功用，但是若處在不同的尊卑位置，其性質也不盡相同。二爻多榮譽，三爻多凶險，四爻多畏懼，五爻多功績。二四位若以陰爻居之，則无咎，而陰居三五爻則危險。如考察企業發展，初爻表示企業初創階段，上爻表示企業的衰退階段，而中間四爻表示企業發展的不同生命階段；如考察具體組織，初爻和二爻表示基層和一線員工，中間兩爻多表示中層幹部，最上兩爻表示企業的高層領導和曾任主要職位的退休人員。在六十四卦取象中，不同的爻位取象也遵循上下、尊卑的次序：從社會地位看，初爻取象爲百姓、二爻取象爲大夫、三爻取象爲侯、四爻取象爲公，五爻取象爲君王，六爻取象爲宗廟；從身體位置看，初爻取象爲足趾、二爻取象爲小腿、三爻取象爲大腿、四爻取象爲心腹、五爻取象爲頭面、六爻取象爲頭頂等。

3.1.3 爻的關係——承、乘、應、比

爻與爻之間的相互關係分爲承、乘、應、比。[1]

承：在一卦中，陽爻在上，陰爻比鄰在下，則稱該陰爻對上面的陽爻爲「承」。若卦體中，一個陰爻在下，數個陽爻在上，則下面的這一陰爻，對於上面的幾個陽爻都可以稱作「承」。

乘：在一卦中，陰爻在上，則此陰爻對下面的陽爻稱之爲「乘」。若一卦中，幾個陰爻都在一個陽爻之讓，則這幾個陰爻對這一陽爻都可以稱爲「乘」。承是爻之間「順」的關係，而乘是爻之間「逆」的關係，順多吉利，逆多凶險。如果順且當位，一般爲吉，逆且失位，一般爲凶。

比：在一卦中，相鄰兩爻之間的關係，皆稱之爲「比」。如初爻與二爻；二爻與三爻；三爻與四爻；四爻與五爻；五爻與上爻等都可以稱爲「比」。

應：在一卦中，上卦三爻與下卦三爻存在兩兩相互感應的關係，即初爻與四爻，二爻與五爻，三爻與上爻之間有一種呼應關係，這種

---

[1] 徐廣軍.周易如是說[M].中國經濟出版社，2009：34-35.

呼應關係被稱作「應」。一般來說，對應的兩爻如果為一陰一陽，則可相互應援交感，稱為「有應」，反之，對應的兩爻如果同為陰爻或同為陽爻，則不能相互應援交感，稱為「無應」。有應多有利，無應多無利。

3.1.4 錯、綜、複、雜

六十四卦排列順序的規律為錯綜複雜，六爻內部又隱含著眾多的卦象，因此，兩千多年來易學家為認清這種規律，揭示六爻變化的秘密不斷努力。

從《易經》體系看，卦與卦之間的關係是有規律可循的。六十四卦的排列順序體現了陰陽對應，一般是互為綜卦排在前後位置。唐代易學家孔穎達將卦序的系統規律性總結為「二二相耦，非覆即變」。就是說每一組卦的兩卦之關係不是覆（兩卦卦畫相顛倒），如屯與蒙，困與井，就是變（兩卦卦畫完全相反），如坎與離，中孚與小過。

下面對《易經》中卦與卦之間的錯、綜、複、雜關係作一簡單總結。

錯卦與綜卦：六十四卦都是兩兩成對、依序排列的，屯蒙、師比等二十八對卦屬於兩卦的卦符是相互顛倒過來，屯顛倒過來為蒙，屯的綜卦為蒙，蒙的綜卦是屯；乾坤、坎離等四對卦屬於爻性陰、陽相互改變過來，也叫旁通卦或錯卦，即將一個卦體的六爻皆陰陽相錯，陽爻變成陰爻、陰爻變成陽爻，如乾卦六陽爻皆變成陰爻，則變成坤卦，故稱坤的錯卦為乾，稱乾的錯卦為坤。不過，在六十卦中，有的對卦是錯綜一體，如泰卦的綜卦是否，而泰卦的錯卦也是否，類似的還有既濟、未濟，漸、歸妹等對卦。

複卦有兩種說法：其一指綜卦，綜卦是本卦整體顛倒過來的卦象，因此，也稱複卦；其二是指外卦與內卦相互易位，形成複卦，如泰外卦為坤，內卦為乾，易位後外卦為乾，內卦為坤，此卦為否，另如屯卦外卦為坎，內卦為震，易位後外卦為震，內卦為坎，此卦為解等。

雜卦或互體卦：漢代易學家發明的解卦方法。除初、上爻外，將中間四爻相連互交，即二、三、四爻相連組成內卦稱為下互，，三、四、五爻相連組成外卦稱為上互，再上下相疊組成一個新卦象。後來，互卦又發展成五畫連互、四畫連互。五畫連互分為二至上爻連互和初至五爻連互，四畫連互分為初至四爻連互、三至上爻連互。2

3.2 《易經》中道思維研究

《易經》的中道思維除了以卦爻辭「中」、「中行」、「中孚」等闡述外，更以每卦各爻所處爻位進行顯示，以中爻多吉處處向人們宣揚中道思維，告訴人們只有保持「中道」，才能合乎自然的規律和法則，做到事事合理，吉多於凶。「中」即居中之意。《易經》認為「中」是不偏不倚，既不過分，又無不及，是結合兩個對立極端的最佳尺度，能夠將各種矛盾關係處理得恰到好處，最終使得事物處於合理、合適和和諧的最佳狀態。

3.2.1 《易經》「中」的思維

「中」是《易經》的根本思想，據考證《易經》卦爻辭說到「中」的有三十五處，象傳說到「中」的有三十八處，在《易傳》中談到「剛中」的有十三次，談到「中行」、「中道」共十五次，而散見於全書中有「中」字的片語，則更多見。學者錢基博在《四書解題及其讀法》中說，「《易》六十四卦，三百八十四爻，一言以敝之，曰「中」而已矣」。《易經》透過卦爻辭闡述中道思維，教誨人們用中，以中為主導。

《易傳》解釋卦爻辭，以「中」或「中正」作為一條重要原則，

---

2 徐廣軍.周易如是說[M].中國經濟出版社，2009：36-37.

提出「中位」說，認爲一卦六爻，二五爻居於上下卦之中。在《易傳》中，中行、中道總共有十五處，具備中行、中道品質的各爻，一般情況下往往爲吉。如《彖傳》解釋需卦說「位乎天德，以中正也」，解釋訟卦說「利見大人，尚中正也」，解釋履卦說「剛中正，履帝位而不疚，光明也」，解釋小畜卦說「健而巽，剛中而志行，乃亨」，又解釋未濟卦說「未濟，亨，柔得中也」。又如復卦六四爻辭有「中行獨復」。《象》曰：「中行獨復，以從道也。」六四亦爲中爻，在復卦的五陰中，獨與初九相應，故曰「中行獨復」。而「中正」之道是《易傳》追求的最高境界，這一點集中表現在乾卦彖、象傳與文言中。乾是純陽之卦，性質爲健。《象傳》曰「天行健，君子以自強不息」。《乾文言》對乾卦二、五兩爻皆極爲稱讚，謂九二「龍德而正中者也」。九二居中而位不當，故曰「正中」而不謂「中正」。謂九五「大哉乾乎，剛健中正，純粹精也」。《易傳》以中道觀念解釋卦象和卦爻辭的吉凶悔吝，認爲「中」才能「和」，「不中」則「不和」，將「貴中」思想推向了極致。

3.2.2 爻位「中」的思維

《易經》共有三百八十四爻，陰陽各半，《易經》中對各爻的論述也大有不同，然而相同之處在於處於卦體中同一位的爻常常有相近的性質。現對爻位所反映出的相同之處做一總結：

（1）二、五爻的卦爻辭及其對其解釋多稱「中」。以《象傳》對各卦二、五兩爻解釋爲例。節卦九五有「節之吉，居位中也」，離卦六二有「黃離元吉，得中道也」，復卦六四爻辭有「中行獨復」，其象曰：「中行獨復，以從道也。」可見《易經》相當重視「中位」，故以「中」爲吉。尤其第五爻居上卦中位，更較第二爻爲尊，有時也稱爲「尊位」、「君位」、「天位」或「帝位」。如《象傳》解釋大有卦六五爻「柔得尊位」，需卦九五爻「位乎天位，以正中也」，履卦九五爻「剛中正，履帝位而不疚」。

（2）初爻和上爻位置恰恰相反，其爻辭也常體現相反的意義。

初爻居於六爻最下，因此有開始和卑賤的意義；上爻居於六爻最上，因此有結束、亢奮的意義。而且，論及上爻之吉凶時，亦常蘊有「物極必反」的觀念。《易經》的六爻位置以第五爻爲尊位，因此九五和六五多吉，而上九和上六多凶，因爲它超過了尊位，因此位高勢危，高處不勝寒，如泰卦上六爻辭則爲「城復於隍，……貞吝」。乾卦上九爻辭爲「亢龍有悔」，但是，如果某一卦的卦象爲凶，其上爻的爻辭常吉，如蹇卦上九有「往蹇來碩，吉，利見大人」，否卦上九有「先否後喜」，

（3）每卦三、四爻，爻辭常有多疑和不定，而二、五爻辭多吉利。如損卦六三的象辭爲 「三則疑也」，既濟六四爲「有所疑也」。故《繫辭傳》歸納爲「三多凶」、「四多懼」，這說明三、四爻屬於疑懼不安的位置，而二、五爻辭則爲「二多譽」、「五多功」。

學者喻博文在《周易的中道思想論》中，對每卦六爻的吉凶爻辭做了統計，六十四卦的爻辭共分八類，合計三百八十四，其中大吉、元吉、吉利和无咎三類共兩百一十，二五兩爻吉利爻辭合計八十七，比例爲41.42%。另外，從《易經》中的爻辭吉凶來看，二五兩爻無論處在吉卦還在凶卦，爻辭解釋總是吉多於凶，呈現出「二多譽，五多功」的現象。後人受此影響，也產生了「居中爲吉」的思想，即無論處於有利還是不利的環境中，保持中道總是能有更多的利處，這可以看做是中國人中道思維的依據。

綜上所述，《易經》尤其重視「中」，每卦爻位蘊含的中道思維非常系統和明顯。《易經》中的「得中」，也叫「剛柔得中」，是指陰爻或陽爻分別居於外卦和內卦的中位，即卦體中的二、五兩爻，因爲這兩爻分別處於內卦與外卦的中間，《易傳》認爲，「得中」象徵人中庸、中正等。在《易傳》中有十九次談到「得中」，凡得中之爻，不論卦時是吉是凶，是否是亨，皆有吉或趨吉之義。在《易經》的六爻中，除初、上二爻代表本末以外，餘四爻稱爲中爻。《繫辭傳下》曰「夫雜物撰德、辨是與非，則非其中爻不備」。崔憬認爲「中

爻」是指二、三、四、五爻。初、上兩爻作爲事物發展的兩端雖然重要，但反映事物陰陽變化的是非得失，則集中體現在中四爻上。在中四爻，最受重視的又是二、五兩爻。二爲內卦之中，五爲外卦之中。《繫辭傳下》說：「二與四同功而異位，其善不同，二多譽，四多懼。柔之爲道，不利遠者，其要无咎，其用柔中也。」韓康伯注「二處中和，故多譽，四近於君，故多懼也」。二與四雖同爲陰爻之位，但因二居內卦中極，而四居外卦下極，又近於君，所以二多譽而四多凶懼。《繫辭傳下》又說，「三與五同功而異位，三多凶，五多功，貴賤之等也，其柔危，其剛勝也」。徐志銳認爲「三居下卦的偏位，是卑賤，所以多凶。五居上卦的中位，是六爻之中至尊之位，所以多功」。中位之所以有利是因爲不偏之故，而不偏就容易趨向平衡狀態，從而形成了「和」的主要條件。

《易傳》中十三次提到「剛中」，剛健得中位，有利於推動事物的發展。以「漸」卦爲例，九五爲陽，居外卦之中位，是爲一剛得中，象徵君得正中之道。「同人」卦六二爲陰，居內卦中位，象徵臣子得正中之道。其它還有「雙剛得中」、「雙柔分中」、「剛柔分中」等等。「剛柔分中」指的是一陽爻居於上卦之中位，一陰爻居於下卦之中位，象徵君臣各居其位，各守正中之道也。如既濟卦，三雙同位爻皆得位，《彖》曰「利貞，剛柔正而位當也」。又如家人卦，二四與初三五得位，《彖》曰：「女正位乎內，男正位乎外。男女正，天地之大義也」。二、五爻分別爲內、外卦體之中，六二以陰爻居陰位，陰爻表徵女又處中正之位，因此其處於所應居之位且能行中正之道，故曰「女正位乎內」。同理，九五爻以陽爻居陽位，陽爻表徵男亦處中正之位，因此其處於所應居之位且能行中正之道，故曰「男正位乎外」。男女各守其正道，乃合天地之大義。與之相對，歸妹卦二、三、四、五爻均不當位，其象曰「征凶，位不當也」。睽卦六三爻以陰爻居陽位，失位，其《象》曰「見輿曳，位不當也」。[3]

3.2.3 時位和合觀

六十四卦，每卦六爻，由下而上，分別稱爲初、二、三、四、五和上爻，可以說把「時」和「位」合在一起，取初捨末，表示事物開始時的「時」比「位」重要，而用上不用末，則表示終了時，「位」比「時」更爲重要。因爲時和位的六大階段，二、三、四、五是共通的，只有初、末和上、下的說法不一樣，而初、末代表時，上、下代表位，不採取初、末或上、下的對應，卻說成初、上，雖然不相對，卻巧妙地涵蓋了時和位，兩者並舉。從《易經》對爻位的定義來看，並沒過分強調時比位重要，還是位比時重要，而只有在開始和結束的時候強調時和位的重要性，也就是時和位都重要，只是在不同階段有不同表現，因此時和位的重要性要統一在每一卦中。這種「執其兩端（指時和位）而用中」的思想，無疑便是中道思維的完美表現。《易經・說卦》有「易六位而成章」，《乾卦・彖傳》有「大明終始，六位時成」。由「初、二、三、四、五、上」依序排列起來的六個爻位，以及爻之間的關係，預示了事物發展的動態過程及其發展徵象，故《繫辭上》謂「爻者，言乎變者也」。例如乾卦的六爻以「潛」、「見」、「惕」、「躍」、「飛」、「亢」表明乾德由潛至亢的發展歷程。憑藉六個「爻位」所聯繫而成的整體，便可看出這一卦的「卦時」。4足以看出，《易經》中「位」與「時」是密切相聯的。

從爻位關係看，每卦六爻中第二爻位與第五爻位，被稱爲「中」位，因爲二、五爻位分別處於每卦之下卦與上卦的「中」間。就易理而言，上下卦之中位即二、五爻位往往決定卦的吉凶性質，因爲「中」被視爲事物的穩定合理狀態。一般來說，如果陰爻處於第二爻位或陽爻處第五爻位，便稱爲「得中」。「得中」之爻則往往是

---

3 張路園，瞿華英.《周易》「當位」、「得中」思想探微[J].山東教育學院學報，2007，（1）：33-34.

4 林麗眞.周易時位觀念的特徵及其發展方向[J].周易研究，1993，04.

吉爻。如大有卦，從卦象上看，六五爻屬不當位，但因居上卦之中的尊位，所以整卦爲吉。如果某卦的上卦之中爲陽爻所居，這就是說其既當位又處尊位，那麼則更爲吉利。然而，「中」的概念不僅對爻位重要，對卦的「時」也很重要。《易經》中認爲，判斷一卦六爻的吉凶，不僅取決於當位、中位，而且取決於是否得時，由於所處的條件不同，導致所處的時機也不同，順時而行、因時而變吉爲吉，於時不合則爲凶。即便是同居中位，不一定就是吉，適時則吉，失時則凶。如節卦，上坎下兌，九二與九五爻都居中位，但九二爻辭卻說「不出門庭，凶」。據《易傳》解釋，九二爻雖居中位，但應出時不出，失去了時機，所以爲凶。正因如此，王弼在解釋卦爻時，就十分強調「時」的作用：「夫卦者，時也。爻者，適時之變者也。夫時有泰否，故用有行藏。」在這裡，實際上已隱含著審時度勢、適時而動的思想。對企業的任何決策行爲而言，把握時機是決策能否成功或者決定決策是否正確的關鍵，把 握時機注重「適時」，正所謂「過猶不及」，過早或過遲採取行動皆非「適時」，因爲時機尚未成熟和時機已過都是「失時」，而不是「適時」。例如《易經》的六二與九五爻屬於當位，照理應該「吉」，但實際上，屯卦的九五、師卦的六五、同人卦的六二、剝卦的六二、頤卦的六二及節卦的九二等皆爲「位中」而不「時中」，因此處境可能異常「凶險」。

屯卦的九五爻辭：「屯其膏，小，貞吉；大，貞凶。」在困頓積聚力量的時期，領導者對部屬所施的恩澤應該有節制，否則過大時反而影響了本身資源的根本，凶險就可能出現。師卦的六五爻辭：「長子帥師，弟子輿尸，貞凶。」當外敵入侵時，應任用有經驗的人出任統帥，用了平庸的人就有慘敗的可能，用正道，任人唯賢才能防凶險。同人卦的六二爻辭：「同人于宗，吝。」同人之道本應廣泛的與多方面的人和同，如果只與自家宗親和同則必有憾惜。同樣剝卦的六二爻辭：「剝床以辨，蔑貞，凶。」頤卦的六二爻辭：「顛頤，指經於丘頤，征凶。」節卦的九二爻辭：「不出門庭，凶。」這幾卦也在告訴人們失去了時機，凶險便會降臨。以上各卦的有關爻位雖「中」，但行動不「時中」，即未能「及時行中」，所以所處的「位」便「不利」。因此，在「位中」而非「時中」，即「非時中」與「位中」配合時，在屯、師、同人、剝、頤、節等六卦已指出仍有出現不利的情況。如果「位」與「時」都不「得中」，情況就會更加不利。

3.2.4 三才之道觀

《易經》將每卦六爻分爲天人地三才，上兩爻代表天，下兩爻代表地，而中間兩爻代表人，象徵天道、地道和人道，其中人道居於天道和地道之間。天道與地道代表了客觀規律，但人的行爲並非只客觀規律，也有自己的主觀性，因此人的行爲是在天道和地道的客觀性基礎上加上了自主性，從客觀規律的卦象推出了「吉」、「凶」、「悔」、「吝」，然後根據主觀的判斷採取適當行動，從「趨吉避凶」來看，「中」的行動最爲恰當。這不僅表明人在天地間的自然位置，更是顯示人爲天地的中心，最爲重要，尤其是聖人、大人，「天地設位，聖人成能」（《繫辭傳下》），聖人遵循天地之道，完成其事業；聖人需要自強不息，努力提升自我境界以與天地合德，達「天人合一」境界。以乾卦爲例，乾是純陽之卦，《象傳》曰：「天行健，君子以自強不息。」乾卦九五曰：「大哉乾乎，剛健中正，純粹精也。」又曰：「飛龍在天，乃位乎天德。」乾之九五是有君德之人又居於天德之位，達到了「時乘六龍以御天」的境界。這一境界《易傳》視爲最高境界，「與天地合其德，與日月合其明，與四時合其序，與鬼神合其吉凶。先天而天弗違，後天而奉天時。天且弗違，況與人乎，況於鬼神乎？」《易傳》對這一境界的描述也即是「天人合一」的最高境界。九二以陽居陰位，是有君德而無君位。爻象陰晦陽明，故曰「天下文明」，是人與地合德。九五以君德居天位，是人與天合德。《彖傳》、《象傳》、《文言》反復強調九五「時乘六龍以御天」、「飛龍在天，大人造也」，「聖人作而萬物睹」等，就是從各方面描述「天人合一」境界的特點和內容。

《繫辭》有「《易》之爲書也，廣大悉備，有天道焉，有人道焉，有地道焉，兼三才而兩之，故六。六者非它也，三才之道也」。「六爻之動，三極之道也」。《說卦》有「昔者聖人之作《易》也，將以順性命之理，是以立天之道曰陰與陽，立地之道曰柔與剛，立人之道曰仁與義。兼三才而兩之，故《易》六畫而成卦」。這裡所說的「三才之道」、「三極之道」講的是同一個意思，即天地人三者密不可分，共處一體，更重要的是《易傳》在這裡確立了人在天地間的地位。《易傳》又繼承古經傳統，崇尚「中」，將中位看作尊位，《周易》二五居中位，二五多功多譽。《繫辭》有「 二與四，同功而異位，其善不同，二多譽，四多懼，近也。柔之爲道不利遠者，其要无咎，其用柔中也」，「三與五，同功而異位，三多凶，五多功，貴賤之等也」。就卦體上下兩卦而言，二、五是人位。二爲下卦中，五爲上卦中，其中五乃人之尊位，往往被稱爲大中。《彖傳》釋《大有》有「大有，柔得尊位，大中而上下應之，曰大有」。人居天地中，當爲天地之心。復卦彖辭有「復，其見天地之心乎?」，按照王夫之理解，此天地之心是人。「人者，天地之心。故曰『復，其見天地之心乎?』」這種以人爲「天地之心」的人本思想，顯然是高揚了孔子人本思想，否定殷商以來的神本思想。5

「三才說」將「時」、「空」、「人」統一起來，每一卦代表一個狀況，而這個狀況即是特定時限、位置和人的關係的綜合，是否「時中」、「得時」或「失時」，與「人」的決定與行動有很大關係。《易經》力圖闡述天道、地道、人道歸一，萬物一體的「三才之道」思想，旨在使人類通過自身努力選擇自己順應天道的行爲，達到人事的趨利避害。《易經》在整個思想體系中都體現了強調人的意志、創造性和自覺性的主體意向性思維，《易經》將天地人三才之道並提，表明了三才彼此間不可分割。「三才之道」思想的深刻意義不

---

5 林忠軍.試論易傳的人本管理思想[J].中州學刊，2007，1.

僅在於教人認識客觀世界，發揮主觀努力，更在告訴人應該以以天爲根本，以天道爲原則，即人應該遵循自然的規律和法則。因此可以說，人居天地之間，既不是倡揚「人定勝天」，也不是「唯天是從」的宿命觀，而是「盡人事、聽天命」的完美結合。

3.2.5 陰陽學說

陰陽學說是《易經》的哲學基礎。《說卦》認爲《易經》的作者是「觀變於陰陽而立卦」；《繫辭上》說：「剛柔者，立本者也。」這就是說，陰陽剛柔是八卦的基礎，《易》的根本。《繫辭上》還有「是故易有太極，是生兩儀，兩儀生四象，四象生八卦」。有了八卦才有六十四卦。其中，「爻」又是陰陽交錯的符號，是卦的最小單位。陽爻與陰爻的不同組合，構成了卦的差別和變化。在《易經》中，陰陽學說是貫串一切並用於解釋一切的道。所謂道，就是講陰陽相互作用，導致「剛柔相摩，八卦相蕩，鼓之以雷霆，潤之以風雨，日月運行，一寒一暑，乾道成男，坤道成女。乾知大始，坤作成物」，也即所謂「生生之謂易」。《易經》認爲陰、陽是世界萬物的兩端，世界萬物皆由陰陽變化產生。乾是陽的代表，坤是陰的代表。《繫辭下》寫道：「乾，陽物也。坤，陰物也。陰陽合德，而剛柔有體，以體天地之撰，以通神明之德。」《彖》曰：「大哉乾元，萬物資始，乃統天。」乾元是剛勁的元陽之氣，世界萬有之物無不資取元陽以爲開始。天是元陽之氣結成的形體，故乾元統於天。《彖》又曰：「大哉坤元，萬物資生，乃順承天。」坤元是柔順的元陰之氣，世界萬有之物無不資取元陰之氣賴以生長。地是元陰之氣凝成的形體，是順承天的。6

《易經》陰陽學說的中道思想，體現在認識到了陰陽對立統一，但從卦的結構上體現陰陽兩端，而從卦的整體及對卦爻的闡述上體現

---

6 陳恩林.論《易傳》的和合思想[J].吉林大學社會科學學報，2004，1.

了陰陽的統一。

首先，《易經》六十四卦是模擬天地萬物及其發展變化的結構系統，不論經卦、別卦，它的兩端都是乾坤。從經卦來說，《說卦傳》云：「乾天也，故稱乎父。坤地也，故稱乎母。」乾、坤兩卦是父母卦，餘六卦震、巽、坎、離、艮、兌皆由乾、坤兩卦相交相索而來，稱爲六子卦。乾、坤兩卦自然是八卦的兩端，但是從經卦的內部結構看，「天地定位、山澤通氣、雷風相薄、水火不相射」，所以它們分爲天地、山澤、風雷、水火四組，八卦又各爲每組事物的兩端。而六十四卦是由八卦「因而重之」構成，反映世界萬事萬物發展變化更大更複雜的過程，故乾坤自然也是六十四卦的兩端。從傳世本《易經》六十四卦的卦序看，相鄰兩卦爲一組，可分爲三十二組，其卦象非覆即變，是陰陽矛盾對立統一體，每卦各爲事物發展三十二個階段的兩端。《雜卦》有「乾剛坤柔，比樂師憂。觀臨之義，或與或求。屯見而不失其居，蒙雜而著。震起也，艮止也。損益盛衰之始也。大畜時也，無妄災也。萃聚而升不來也」。這些便是對三十二組陰陽和體之卦各端特點的生動描述。

其次，《易經》陰陽學說的中道思想，還集中體現在《易傳》對《易經》卦、爻體系的闡述中。在《易經》講陰陽對立統一，初、上兩爻作爲事物發展的兩端雖然很重要，但反映事物陰陽變化的是非得失，則集中體現在中四爻上。在中四爻中最受重視的又是分別位列內卦和外卦的二、五兩爻，二、五兩爻是《易》三才之道的中極。《易經》的陰陽和合境界往往通過它們表現出來。《易經》非常強調陰陽和合的重要性，而卦的本身便是陰爻與陽爻交錯得來。這就告訴我們，獨陰和獨陽在萬物中難以長久存在，陰極必陽，陽極必陰，陰陽勢必會相互轉化。

3.3 《易經》中道思維的管理內涵

通過對《易經》的卦爻辭、《易經》爻位關係及時位和合、陰陽學說等的研究，我們很容易得出《易經》便是一部「中」的哲學，整部經書都在告誡人們如何用「中」，把握對立和統一以做到事事合理。從管理的角度來審視《易經》中道思維的哲學思想，我們也能得出其所蘊含的諸多管理內涵。

3.3.1經權管理

決策是否正確，取決於管理者是否精於變與不變的法則。易爲變易，天道變易，陰陽而成萬物，寒暑而成四時，日月而成晝夜，人道變易，善惡而成福禍，得失而成吉凶，威虧而成利害，治亂而成興衰。[7]管理者要依內外情勢的變化而持變易之道。然而，變易又是天道的不易，變易也是人道的不易。在企業管理中，執經便是抓住企業中不易的內容，而不易是戰略、目標和制度；達權是對變化的內容的掌握，主要包括戰術和手段。管理者掌握經權之道，執經達權，方能有所變有所不變，通過戰術調節，達到戰略目標。

從思想淵源看，中國古代經權觀的理論依據就是《易經》的三義：變易、不易和易簡。而這三者也正好是企業管理理論發展的基本方向，又是中國管理哲學的核心。「變易」說的是萬物和人世的不斷變化，就是「權」；「不易」說的是各種規律和原則的確定不易，即變中的不變，就是「經」；「易簡」說的是對規律本質的簡明把握和領悟。簡單管理是管理發展的方向，管理的制度化、規範化、標準化、資訊化、普及化，是「簡易」的路徑。因此，管理的經權之道就是依據《易經》的要義，以「不易」的「經」作爲判斷的準繩，以「變易」的「權」來達成最優的決策，並以最簡要明確的原則「易簡」讓人們易知易行，變成共同的管理行動，從而實現管理目標。

隨著社會經濟的不斷發展，消費者的需求結構趨向高級化，即從對消費內容量的追求上升到對質的追求，最終發展到情感性消費的日

---

7 何成正.初論周易管理理念之精要[J].桂海論縱，1995，4.

漸增多。同時，消費者的消費觀念也在不斷更新，如越來越多的消費者注重消費與生活方式的結合，尤其是對環保和綠色的追求。企業面臨的市場需要和消費需要的變化，要求企業必須重視產品、技術及管理的重新性，而保持產品、技術和管理理念等的「日新」，是企業在多變的競爭環境中立於不敗之地的關鍵。而要做到「日新」，經權管理便是現代企業管理的不二法寶。在現代企業管理中，經權管理具體體現到以下幾大方面：

（1）思變——危機管理

《易經》中的居安思危隨處可見，是其一個很重要的認識。《繫辭》有「危者，安其位也；亡者，保其存者也；亂者，有其治者也。是故君子安而不忘危，存而不忘亡，治而不忘亂。是以身安而國家可保也。」《易經》認為危險的發生有較長的醞釀和發展過程，逐步積累最終會爆發，而事物發展的最鼎盛時期，也是危險最可能發生的階段，正如老子所言，「禍兮福所倚，福兮禍所伏」，告誡人們應時時警惕危險的存在，以未雨綢繆，因此《易經》既濟卦六四爻象辭說「終日戒，有所疑也」。《易經》又有「積善之家，必有餘慶；積不善之家，必有餘殃。臣弒其君，子弒其父，非一朝一夕之故，其所由來者漸矣，由辯之不早辯也」。這也是在告誡人們危險的發生是「厚積薄發」的，人們應時時保持警惕，防患於未然。而現代的管理者應當借鑒《易經》的居安思危思想，時刻保持強烈的危機意識，即使企業發展的最鼎盛的時期也應謹慎決策、適時達變，並時刻防範危機的到來。如微軟的創始人蓋茲常用「微軟離破產只有十八個月」來警告員工，要時刻保持危機感。反觀國內，諸多企業的管理者在企業發展的順利時期，對危機沒有絲毫的警惕，如「三鹿奶粉」事件的發生，令很多乳製品企業措手不及，幾乎處於破產的邊緣，而其中不乏很多知多的大公司。

（2）知變——資訊管理

易學強調「動靜不失時」。而在現代企業管理中，企業要想抓住發展時機，最關鍵的一點就是能夠做到知變。知變是企業適應時機、趨時變通的前提。可以說誰能抓住企業發展的時機，誰就比別人先行一步。要想在複雜多變的外部環境中搶得發展的先機，企業必須能及時掌握全面、準確的市場訊息，並能對市場訊息進行分析整理，眞正做到《易經》要求的「見幾而作，不俟終日」。由於企業是一個開放的系統，與競爭企業、政府、供應商以及消費者都有千絲萬縷的聯繫。而在現代化的市場經濟中，來自這些利益相關者的資訊是複雜而又多變的，其中有機會也有危險，因此企業必須加強資訊管理的能力，完善企業的資訊處理系統和處理機制，全面地收集和處理來自外部環境的資訊，以掌握市場動向和消費趨勢，不斷提高顧客價值，取得更大的發展機會。

（3）應變——變革創新

《易經》認爲，宇宙萬物處於永恆的變動不居的運動過程之中，作爲天地之靈秀的人類也應順應自然，在日新月異的永恆變化過程中，剛健自強，見幾而作，革故鼎新。《雜卦》曰：「革，去故也。鼎，取新也。」「文明以說，大亨以正。革而當，其悔乃亡。天地革而四時成。湯武革命，順乎天而應乎人。革之時義，大矣哉！」可見，宣導變革是《易經》中重要的原則性主張，但是革故鼎新決不是無知盲動，隨意而行，而是要明察時勢，把握時機，應時而變，見幾而作。「見幾而作」是《易經》強調把握時機，應時而變的重要命題。「幾」是指事物變化的預兆和趨勢，「見幾而作」是要求人們處世待人要善於觀察動靜，看準兆頭，把握最有利的時機，採取果敢行動。《易經》在強調「見幾而作」的同時，又反復提到「與時偕行」，認爲得時則吉，失時則凶，主張「時止則止，時行則行，動靜不失其時」。在條件不成熟時要「遁世無悶」，「待時而動」。在條件成熟之時，要及時而動，「化而裁之」、「推而行之」，促成變通。「革故鼎新」、「見幾而作」、「與時偕行」是《易經》管理思想的精華之一，也是現代企業管理的經典要義。現代企業在瞬息萬變的現實社會之中要求得生存發展，必須要深入瞭解社會需求的最新動向，瞭解人們的心理變化，瞭解市場的運作規律與發展趨勢，及時調整應對措施。同時，在具體的管理過程之中，要堅持改革創新，注意捕捉一切機遇，調動各種積極因素，使管理方式、管理過程隨機而變，適時達變。只有「見幾而作」、適時而化，才能使企業在激烈的競爭中占得先機，不爲時代所淘汰。[8]

（4）適變——中正而當位

適變就是以中道思維爲決策原則，既不太過也不失中，要中正而當位。《易經》指出：「剛柔分而剛得中」，「說以行險，當位以節，中正以通」，認爲中正可以觀天下得吉利，有益於組織關係的協調。而從《易經》六十四卦的自身結構看，每卦之二爻、五爻爲得其中，得中爲吉，即使有陰陽爻不得位，亦可因得中而吉。《中庸》倡致中和，易曰「保合太和乃利貞」，皆主張適位、適時、適度的和諧，只有如此，才可能會有亨、利、貞諸般績效。這就要求企業在「見幾而作」，變革創新時，既不能冒進，也不能保守，要結合企業實際情況適時適宜進行變通，唯有如此，企業的變革才能得到企業內部廣大員工的贊同，減少變革的阻力，從而取得成功。

案例3-1 法藍瓷的「持經達變」[9]

法藍瓷品牌成立於2001年，生產基地位於千年瓷都景德鎮，總裁是臺灣人陳立恒。法藍瓷從創立之時便誓要奪回屬於老祖宗的世界第一瓷器品牌光環，在成立第二年即光芒初露，榮獲紐約國際禮品展首獎，在短短三年內就打響了名號，屢獲多項國內外獎項，其產品獨創中西合併的設計風格，廣受世界各地喜愛，並獲國家領導人高度重視。

法藍瓷傳承東方美學經驗，創作具當代時尚風格的瓷藝精品，國內外獲獎無數，諸如連續三年獲聯合國教科文組織頒發「傑出工藝獎章」，連年榮獲深圳文博會金獎與景德鎮陶博會金獎等；梵蒂岡教

---

8 范玉秋.淺析周易智慧對現代企業管理的幾點啓示[J].消費導刊，2009，12.

9 http://blog.yam.com/ibench/article/7539275（有改動）

宗更曾接見法藍瓷總裁，贊許法藍瓷於文化創意產業的不凡貢獻。目前，作爲引領新瓷器時代的佼佼者，法藍瓷在全球擁有近六千個銷售據點，於2006年起應邀進駐德國法蘭克福商展（Messe Frankfurt Ambiente）永久展館與法國巴黎時尚家飾展（Maison&Objet）精品館，成爲首家獲邀進駐之華人品牌，與Wedgwood、Dibbern、Haviland等歐洲百年瓷器品牌相互爭輝。而在國內，早已登陸時尚前線北京、上海、廣州、深圳等地，成爲當地精英人士最熱的時尚話題，也成爲四地時尚人士的品質生活之表徵，及瓷藝愛好者的收藏上選。

法藍瓷的母公司是海暢實業，是陳立恒與自家兄弟共同創立。在當時，海暢實業已經是禮品代工業中的佼佼者，1995年，海暢實業發展成爲全球工藝品最大且最佳製造商之一，其客戶包括美國最大禮品公司Enesco、Lenox 、德國 Goebel、 Kaiser等國際知名品牌廠商。海暢投入代工近三十年，投入代設計也有二十五年，公司的很多設計品項都受到了客戶的廣泛肯定。如果當時陳立恒安於現狀，那就永遠不會有今天的法藍瓷。當時陳立恒算了一筆帳，「那些產品明明都是我設計的，我（做代工）賣一元只賺0.1元，品牌客戶賣三元可以賺兩元」。陳立恒發覺到，單純依靠替其他品牌商代工，公司的利潤是相當微薄，而且會處處受制於人，有朝一日若有管道，公司一定要創立自己的品牌。而隨後，臺灣一度盛行「大家樂」賭風，臺灣勞工生產力大大降低，迫使海暢不得不到中國大陸設廠，代工利潤漸趨微薄，此時的陳立恒更加堅信自創品牌是非走不可的路，自創品牌的意念也愈發堅定。

美國 911恐怖攻擊事件發生後，海暢與委託代工客戶對產品市場價格定位看法分歧，客戶主張轉攻中低價位市場，以穩住營業額，陳立恒卻設計了一款要價兩百美元的「聖誕老公公」瓷瓶，客戶看過之後，丟下一句話「你不怕死，你去試」。於是陳立恒大膽地在芝加哥推出新品試銷，沒想到市場反應相當好。同年，陳立恒在美國設立法蘭瓷公司。從代工起家的陳立恒非常清楚市場導向的重要性，他對設計師的要求，就是要以市場導向結合人文藝術爲訴求，創新更是法藍瓷的核心價值之一。

陳立恒說，法藍瓷唯一的策略就是「贏」，爲了實踐這個策略，法藍瓷從設計、製造，到生產、銷售，全都自己來，從不委外，因爲委外就會增加「出狀況」的風險，法藍瓷要靠「good quality，better design，best price」闖出名號，就必須在每個環節都贏一點，才能累積成傲人的優勢。近來臺灣經濟部大力鼓勵企業自創品牌，走過艱辛品牌路的陳立恒建議，有意走上品牌之路的業者，務必衡量自己的條件，除了要有人脈（找出最佳人才）、財力（應付抽單壓力）、源源不絕的創意，還要有恒心毅力，不然很快就會鎩羽而歸。

雖然法藍瓷的品牌之路正面臨挑戰，談到中華民族四大發明之一的瓷器，陳立恒還是充滿熱情，他說，「China is China（瓷器即中國）」，總有一天法藍瓷會把老祖宗世界第一瓷器品牌的光采搶回來，「from China, back to China」。

點評：

臺灣商人陳立恒先生自創品牌法藍瓷，短短不到幾年的時間便取得了巨大的成功。通過對法藍瓷的品牌創立進行剖析，不難發現其成功之道與陳立恒「持經達變」的經權管理智慧是分不開的。可以說，只有掌握經權管理的精髓，才能做到「持經達變」，在變與不變之中走出一條成功的路。

《易經》指出，事物的發展，總有一個較長的醞釀過程，逐步積累，終會達到極至。人們應當及早察覺，未雨綢繆，加以防範。在法藍瓷未創立之前，其母公司海暢實業已經是禮品代工業中的佼佼者，1995年，海暢實業發展成爲全球工藝品最大且最佳製造商之一。然而就在海暢實業最輝煌的時期，陳立恒認識到，如果企業沒有自己的品牌，不僅會永遠受制於人，而且隨著勞動力等成本的不斷上長，代工的利潤會一步步降低，而到那時公司再想發展可能就會無路可走。因此陳立恒開始考慮，怎樣才能使公司擴大利潤，實現永續經營，顯然自創品牌成了最可能成功的一條路。

《易經》中道思想要求人們做到適變，就是以中道思維為決策原則，既不太過也不失中，要中正而當位。因此，在意識到企業需要做出變化之後，陳立恒並沒有盲目應變。海暢代工品項繁多，陳立恒選擇以占集團營收比例較低的瓷器類禮品自創品牌，除了基於對瓷器的文化情感，也是希望減低客戶反彈壓力。果然，法藍瓷創立之初，海暢的瓷器委託代工主要客戶並沒有阻攔，次年客戶試圖收購法藍瓷，第三年，客戶公司的新領導團隊警覺到法藍瓷與自家產品的市場衝突，才決定下手全面封殺。而經過三年的積累，此時的法藍瓷已經取得了一定的市場基礎。

另外，法藍瓷之所以能迅速取得消費者的信賴，與其產品的不斷創新是分不開的。宣導變革是《易經》中的重要的原則性主張，但是革故鼎新決不是無知盲動、隨意而行，而是要明察時勢、把握時機、應時而變。陳立恒說得直接，「不創新就沒生意」，國際知名的幾大瓷器品牌，走的都是規規矩矩的貼花圖案路線，法藍瓷卻大膽採用非圓非方、「破格」的造型和彩繪。不只在產品造型上創新，在顧客看不到的製程和技術面也投注相當心力，並獲得多項世界專利。

我們相信，憑著對經權管理內涵的深刻領悟，陳立恒及其創立的法藍瓷一定會越走越遠，最終必將實現自己輝煌的夢想，奪回世界第一瓷器品牌的光彩。

3.3.2人本管理

管理是對人的活動的協調，《易經》認為人是所有活動的重點，要實現「天人合一」的目標，必須高度重視人的作用，發揮人的創造性和積極性。在《易經》之中，對人才的重視集中表現在三才之道思想和它對尚賢養賢的重視。《易傳・繫辭上》曰：「履信思乎順，又以尚賢也，是以『自天佑之，吉無不利也』。」頤卦彖辭曰：「聖人養賢以及萬民。」「尚賢」是指崇尚人才、尊重人才，因此在管理實踐中必須注重提拔和重用有用之人。「養賢」即在物質生活上要優待人才、照顧人才。在《易經》看來，能「尚賢養賢」，則「吉無不利」；不能「尚賢養賢」，則「必凶無疑」。《繫辭》曰：「備物致用，立功成器，以爲天下利，莫大乎聖人神而明之，存乎其人苟非其人，道不虛行天地設位，聖人成能。」人才是創造的源泉和發展的動力，是先進的生產力的代表。在今天生存競爭空前激烈的歷史背景下，人才的重要性更加鮮明突出了。現代企業的競爭就是人才之間的競爭，擁有了人才，就爲企業的發展準備了條件，就在競爭佔有了先機。師卦有「君子以容民畜眾」，在現代企業之中，管理者應能招攬大批優秀人才，做好企業的人力資源儲備，同時還要營造一個能充分發揮才華的工作、生活環境，以給予其充分的施展空間，這樣才會充分調動人才的積極性和創造性，從而更有利推動企業的發展。

案例3-2 海爾集團的「倒金字塔」結構[10]

海爾集團是世界第四大白色家電製造商，總部位於山東省青島市。海爾在全球三十多個國家建立本土化的設計中心、製造基地和貿易公司，全球員工總數超過五萬人，已發展成爲大規模的跨國企業集團。

在向國際化大企業發展的過程中，海爾始終注重商業模式的創新。海爾CEO張瑞敏認爲，「所謂的商業模式就是一條，能不能創造客戶價值。如果說你能夠創造客戶價值，能夠體現客戶價值，這個商業模式就是對的了」。爲全面實現客戶價值，海爾所做的重大舉措就是在組織結構上進行創新。按照職能管理原則，組織結構應該是金字塔型的，是一個中三角，企業最高領導在最上面，然後是次要領導，然後是一級級領導下來，到最下邊一定是員工。這種組織結構容易產生兩個問題：（1）資訊回饋速度慢，容易造成企業反應速度達不到客戶要求。員工面對最終客戶，客戶所反映的問題，員工要逐級反映上去，領導再做決策下來，這裡面除了內部的消耗外，還有一個很大

---

10 張瑞敏2008年6月12日在沃頓全球校友論壇上的主題演講（有改動）

的問題是不能夠非常好地直上市場、快速做出決策。（2）員工處在金字塔結構的最底層，其重要性得不到體現。實際上，員工才是企業實現顧客價值的關鍵。因爲企業的員工直接面向客戶，其服務態度、工作能力和職業素養代表了企業的形象，進而直接影響企業在顧客心目中的形象。因此，海爾將這個三角形倒過來，變成倒三角。客戶在最上面，然後是一線經理、員工直面客戶，最後一級級下來，最高領導成了最下面的了。這樣企業的最高領導從原來的發號施令變成在最下端爲一線經理提供資源。所有的部門在這當中都爲了一線經理和客戶提供資源，從發號施令者變成提供資源者，集團內部的各個部門因爲都要面對客戶，所以要打破各部門間的壁壘，共同來達到客戶的價值。最後，海爾集團在組織結構創新的基礎上，又採取了其他一系列的措施，最終保證企業商業模式創新的順利實施。

點評：

中國式管理之父曾仕強教授在其《大易管理》一書中提到，大多數企業採取金字塔結構，領導高高在上，依職能分成若干部門，然後向下發展，把基層員工壓到最底層。從《易經》觀「象」眼光看，這種金字塔結構像一串粽子。這種粽子式的組織雖然控制緊密，一層壓一層，但絲毫不能激發員工幹勁。結果越是基層員工，越會有「反正一切由上面負責，不用自己操心」的念頭。因此，他建議，依照八卦「由下而上」精神，組織結構應該調整，將領導放在「根本」的地方，發揮「樹根」的功能，而各層主管一層層向上發展，構成「樹幹」，最上端的枝葉是一線員工。而只有這樣，才能把顧客捧得高高在上，最終達到「顧客雲集」的目標。從上面的案例看出，海爾集團的組織結構創新，實際上是與曾仕強教授的「樹狀」結構不謀而和。海爾正是意識到員工是企業發展的關鍵，從而顛覆了原有的金字塔式的組織結構，實行倒三角層級管理，也即「樹狀」結構。基層員工在最上端，有利於企業從思想和行動上重視員工，也有利於企業充分發揮員工的積極性和創造性。因爲員工直接面對是企業的最終顧客，員工 的工作能力和表現，決定著顧客價值的體現。而最高領導在最下面，這樣最高領導者就成了員工發揮自己能力的保證和後盾。同時，領導者制定的企業發展戰略和長期目標，也成了員工工作的基礎和支撐。彼德・杜拉克也認爲，企業存在的理由就是能夠不斷滿足並提高顧客價值。而企業要想實現顧客價值，必須做到以人爲本。以人爲本在管理上至少有兩方面的內涵：一方面是以顧客爲本，注重提升顧客價值；另一方面是以企業員工爲本，以確保顧客價值的實現。實際上，以員工爲本，進行人本管理，才是企業實現顧客價值，達到「顧客雲集」的關鍵。海爾集團的這一做法，正好體現了以人爲本的管理內涵。

3.3.3 剛柔相濟

《繫辭下》有「剛柔者，立本者也」。此處的剛柔是指陽爻與陰爻，陽爻與陰爻是《易經》成卦的基礎，而剛柔相推生變化是《易經》的基本思想。如果將剛柔相推的思想放到企業管理中，我們可以將企業管理中的方方面面總結爲陽剛與陰柔兩大方面。陽剛代表創始、主動和領導，陰柔代表完成、被動和配合，企業管理中的「剛柔相推生變化」，便是指陰柔和陽剛的統一與和諧，而不是對立和鬥爭。「剛柔立本」和「剛柔相推生變化」是企業管理實踐中必須堅持的組織原則。當企業組織系統中的陰柔與陽剛兩大方面的內容形成陰陽協調的關係時，企業也便建立起了一個穩定有效的管理機構。爲了達到剛柔並濟，企業既要建立明確的內部等級秩序，又要建立良好的內部溝通協調機制，同時，企業內部還要建立完備的監督機制，達到組織內部的制衡。

在《易經》中，六爻的九二與九五爲陽爻居中，稱爲「剛中」，而六二與六五爲陰爻居中，稱爲「柔中」。「剛中」是一種具有陽剛性強的中道管理方式，「柔中」則是陰柔性的中道管理方式。如果從「剛中」和「柔中」的爻辭來看，大多數皆爲「吉」或「有利」。從員工素質的差異性和領導者的氣質區分，現代管理風格的兩端是剛性管理和柔性管理。剛性管理的特點是有強的任務指向、嚴格的管理制度和獎懲機制，強調領導的權威性，原則堅定，決策果斷，領導風格偏重集權。柔性管理有強的人際關係指向，良好融洽的人際環境和氣氛，強調下屬的自覺性和自主性，在領導風格上重視員工的參與，具有這種風格的領導者管理策略靈活，管理作風民主。[11] 而眞正有效的管理，應該把上述兩種管理風格有機結合，做到陰陽剛柔相輔相成、相得益彰，這就回到了《易經》陰陽之道的原則上了。實踐也證明，在管理中，陰陽剛柔二者不可偏廢，二者相互制約使得雙方達到適度。首先，陽剛不足而陰柔過盛，則呈現出陰盛陽衰的局面，領導者原則不堅定，決策不果敢，行動優柔寡斷，缺乏主見且對員工的行爲放任自流，，這樣的領導者統馭能力低下，領導權威喪失，領導者形同虛設，管理效能自然難以發揮。另一方面，陰柔不及而陽剛過盛則不得人心。這樣的領導者決策獨斷，指揮強硬，作風蠻橫，苛刻嚴厲，員工自然對其有無形的排斥，因此員工往往敬而遠之。可見，剛柔之妙在於剛柔結合的「度」，關鍵在於如何掌握「適度」，達到剛柔相濟。

案例3-3 喬山科技的獲利方程式[12]

喬山科技作爲亞洲第一、全球前四的健身器材領導廠商，以「健康、價值、共用」爲企業經營理念，專注於健康科技事業的發展，並以Matrix、Vision和Horizon自有品牌行銷全世界六十餘國。營業範圍跨越全球三大洲、員工總數超過四千人。連續六年，喬山的利潤成長率年年超過30%，EPS超過六元，遠比世界第一大的美商公司Icon更會賺錢，表現遠較競爭對手傑出，是名符其實的「利潤王」。這一切都源自喬山科技獨特的管理模式和企業文化。總結起來，就是公司獨有的「獲利方程式」。這一「獲利方程式」細分下來，包括以下三個

---

11 謝慶綿.周易陰陽學說與管理之道[J].福建經濟管理幹部學院學報，1996.

12 http://blog.yam.com/ibench/article/6871666（有改動）

方程式。

方程式1 制度＋紀律＝管理效率

公司奉行「設定標準、100％執行、立即獎懲」的經營哲學，堅持「管理產生紀律，紀律才有效率，沒有效率，公司就會倒閉」的經營理念，以嚴密的目標管理與KPI指針爲基礎，對每位員工的績效進行綜合考評，並以此爲基礎進行薪資多寡、福利和紅利發放情況的標準。喬山科技把員工定位爲企業的老闆，樹立員工的主人翁意識，員工作爲企業的眞正主人，負責工廠的營運，企業的經營狀況會及時有效的反應在自己薪酬福利的變化上。至於營運總部的任務，喬山科技將其簡單的歸納爲「統計、分析、拍手、鼓勵、給獎金」。

不光喬山總部如此，其每一個海外分公司也都有自己的營運目標，而且自負盈虧。它在全球將近二十家的分公司，每個月的集團會議都會發表當月業績排名，業績表現優異的分公司總經理，馬上給予獎勵；表現不佳的，就要回來見董事長，提出改善方案。即使是管理海外經理人，也是用同樣的標準。每個經理人的合約上，會清楚設定營業目標、利潤目標。契約一簽三年，只要達成目標，就能獲得獎金與股票選擇權，然而一旦未達合約標準，只好忍痛解聘。

「目標管理」、「KPI指針」、「公平的薪酬制度」造就管理效率，是喬山科技獲利方程式中第一個要件，第二個要件，則是「價值鏈整合」。

方程式2 創新商業模式＋價值鏈整合

喬山是國內製造業轉型走品牌少見的成功案例。1979年創業，喬山從一家小型的舉重器材製造商起家，只會做簡單的零元件，但在這一階段喬山發揮了臺灣製造業最重要的競爭優勢——成本控制，打破既有的產業生產鏈，降低原物料成本，並將作業流程標準化，提高了生產效率，獲取了豐厚的利潤。隨著喬山在1980年升級進入研發領域，喬山人發揮整體創新優勢，研發並掌握了許多關鍵技術，同時喬山一直保持將每年4.5％營收用於研發，這爲喬山的持續發展提供了人才、技術和資金上的保證。隨後，公司開始實施全球戰略，大舉採取購併策略，收購海外財務困難的管道，開始了喬山以自有品牌進軍海外市場的征程。

在價值鏈整合上，喬山作爲全球健康器材產業，第一個做到從關鍵零元件製造、研發、組裝、品牌與行銷的企業，堅持認爲「要打仗，每一個環節都要兵強馬壯」， 通過兩大關鍵點「充分利用兩岸分工的製造優勢；從製造端延伸到行銷與品牌端的成本控制優勢」，致力於鞏固完善整個產業鏈條上的各個環節。

方程式3 人心＋企業文化

不同於其他企業的「勤教嚴管」，喬山科技堅持實施剛柔並濟的管理理念，以文化抓人心，以人心促發展，保證了公司的持續盈利，並穩坐「盈利王」的寶座。1996年，喬山進軍美國市場，購併EPIX公司，通過精細的計算，希望能夠以一年十萬美元的營運資金帶來了超過五百萬美元的營業額，並規定如果達不到這一標準，該公司的管理人員將不會獲得公司提供的獎金。雖然最終美國經理人通過優秀的經營，獲得了四百七十五萬美元的營業額，但仍獲得了公司給予的獎勵。這一事件，讓美國員工深深體會到臺式企業嚴格控制成本和臺式企業人情味的文化，爲今後喬山在美國市場攻城掠地奠定了基礎。隨後，十年不到，喬山進軍了全球十六個市場。

在成就的面前，喬山人認爲並不光是管理效率，及一條鞭式的價值鏈整合模式，就讓喬山科技獲利倍數成長，「人心，才是喬山最重要的獲利乘數」。

點評：

喬山科技在管理模式上堅持剛柔相濟，陰陽剛柔相輔結合，保證了企業的持續穩定發展。喬山公司在日常管理中既有強的任務指向，又有靈活的浮動空間；既有嚴格的管理制度和獎懲機制，又講究以人爲本，有良好的人際環境和融洽的氣氛，給員工足夠的創新空間；既強調領導和紀律的權威性，又能強調自覺性和自主管理；在領導風格上既看重集權與分權的有效結合，重視員工的參與；既堅持原則上的堅定，決策上的果斷，又注意策略上的靈活，作風上的民主。可以說喬山科技之所以能夠依靠其「盈利方程式」抓人心，促發展，從根源上離不開剛柔相濟的管理理念。

3.3.4 管理最高目標——保合太和

《易經》認爲有序的管理是實現「太和」價值理想的必要途徑。在現實生活中，到處充滿著對立、摩擦和衝突，社會現實的不和諧，更加突顯了追求和諧理想的重要性。管理的必要性就在於改變現實的不和諧。因此，管理者要時刻保持憂患意識，終日乾乾，自強不息，以便化衝突爲和諧。《易經》認爲，支配事物發展過程的內在機制是陰與陽的協調配合和相互推移，「陰陽合德而剛柔有體」，「剛柔相推，變在其中」。獨陽不生，孤陰不成，陰陽必相交會而始生。陰陽「兼體而無累」，「合同而不相悖害」，相互聯結，相互滲透，協合爲一，這才是事物發展變化的規律，即「一陰一陽之謂道」。總之，諧調才是天地萬物生存和發展的基本法則，陰陽排斥或鬥爭，只不過是達到諧調的一種手段。

「和」是儒家的基本觀念，也是《易經》所推崇的價值原則和價值追求。儘管《易傳》以陰陽之道的對立變化，來揭示事物發展的根本原因，肯定矛盾雙方的鬥爭與轉化，但保持陰陽雙方的和諧統一，形成事物最佳的和諧發展狀態，卻依然是其最高的價值理想和社會管理的最高價值目標。乾卦彖辭有「乾道變化，各正性命。保和太和，乃利貞」。天道生生不息，變化日新，使萬物各得其所，和諧通泰，此是利物之正道，也是平衡有序、融合有度的理想的管理體系。

《易經》貴中尙和的思想，在爲管理者指出其發展方向的同時，也爲實現這一理想狀態提供了操作原則。《文言》指出「利者，義之和也，利物足以和義」。《繫辭下》也強調「利用安身，以崇德也」。《易經》認爲，宇宙人生變動不拘、紛繁複雜，管理者在確定發展方向與目標時、在義利關係的選擇取捨上，應當堅持道義原則，堅持「以義正利」。目標純正，動機高尙，措施得力，組織有方，才能取得最終勝利和最大榮光。成就卓著、前途光明的企業，其各級成員之間的關係一定是和諧融洽、配合默契，團體上下為同一個目標而努力工作。和諧的氣氛、融洽的環境，營造出溫馨的環境和愉悅的心態，在這樣的狀態下，無論領導者還是從事實際操作的員工，其積極性和創造性都會大大增強，工作效率和品質都會大大提高。與此相反，如果一個組織的成員之間不能和睦相處，互相詆毀輕視，則該企業最終將以虧損、失敗而收場。

《易經》所蘊涵的「保合太和」的管理價值觀和管理目標追求，啓發著管理者時刻保持憂患意識，自強不息，以便化衝突為和諧。其中和思想顯示，當人們依據「中」的原則，使陰陽兩種勢力相互配置得當，諧調相濟，形成一種優化組合，就會出現和諧的局面，從而使事物得以亨通，順利發展；相反，如果配置不當，陰陽失調，剛柔乖戾，就會使和諧的局面受到破壞，以致發生衝突，從而使事物阻塞不通而出現危機。《繫辭傳》還具體探討了由衝突轉化為和諧的各種調整方略，從而形成了以「和」為最高的決策管理理論。董仲舒說：「和者，天之正也，陰陽之平也，其氣最良，物之所生也。」他十分崇尚宇宙的整體和諧，「天地之道而美於和」，「天地之美，莫大於和」。宋代的哲學家以《易經》為起點進一步解釋和發揮，《二程集》認為：「剛正而和順，天之道也。化育之功所以不息者，剛正和順而已」，「天地之道，常久而不已者，保合太和也」。

「太和」是一種和諧，是企業管理者進行決策管理的最高目標。《易經》認為人類與自然應和諧共處，而不應對立和鬥爭。人類應循自然規律，順天應求得自身發展，最終實現「天人合一」的最高和諧狀態。而在《易經》思想中，管理所追求的和諧即是陰陽協調。管理者為陽，被管理者為陰，管理者與被管理相互協調配合，人的積極性、主動性和創造性才能被最大限度地發揮出來，企業才能實現既定的管理目標。企業如能充分領悟了人與自然的關係，理解到《易經》「保合太和」精神，便不會一味追求「利潤最大化」，而會更加看重企業的長期利益和狀態。管理者要從和諧角度透視企業運作與管理，將和諧滲透到企業管理的方方面面，最終實現「保合太和」的最高目標。

（1）**尊重人才和知識。**人才是企業最重要的資源，員工是企業的主體。企業存在的條件是人才的彙集，企業存在的目的是人才價值的實現。企業要想發展壯大，必須實施「人才強企」戰略，充分尊重知識和尊重人才，尊重員工的創造性和主動性。否則，企業發展壯大的道路上一定障礙重重。

（2）**從中和角度處理企業與利益相關者的關係。**企業與政府、供應商、社會消費者及其他競爭企業的關係是企業必須面對的。如何處理這一關係，關係到企業的長遠發展。企業應在國家政策法規允許範圍之內，從中和的角度正確處理好企業與政府、社會和其他相關企業的關係。在企業內部，企業要不斷優化公司的治理模式，合理安排股份比例，以處理好股東與經營者的關係，不斷完善公司的管理制度，處理好管理者與被管理者、員工與員工之間的關係，做到這些，企業各部門才會同舟共濟，爲企業共同願景而同心同力。而領導者則要學會用「中和」方法待人處事，學會替下屬換位思考，爲下屬指明努力方向和改進的方法，不斷提高員工的滿意度。

（3）**注重企業與自然環境的和諧。**企業必須認識到企業與自然環境的關係不是對抗和鬥爭，而是和諧共處，因此企業應從「天人合一」的高度約束自身，節約資源、保護環境。要做到這一點，企業不能只顧自身利益，而忽略自然和社會的利益，更不能肆意浪費資源，破壞環境。同時，企業還必須大力推廣和運用能源開發、環保方面的先進技術，加大企業節能降耗、減少排放的力度。

案例3-4　宛西製藥的「宛藥模式」[13]

宛西製藥是一家位於醫聖故里的大型中藥製藥企業，擁有「月月舒」、「仲景」兩大中國馳名商標，主要生產以仲景牌六味地黃丸、

---

[13] http://news.sina.com.cn/c/2006-04-05/13308621298s.shtml（有改動）

仲景牌逍遙丸、月月舒牌痛經寶顆粒爲代表的九大系列、上百個品種。企業經濟效益顯著，連續多年躋身中國中藥五十強，宛西製藥在實現自身快速發展的同時，也主動承擔社會責任，實現了企業與社會互動共贏的良性循環。

宛西製藥的基地建設，在實現自身良好健康發展的同時，也凸顯了「工業+基地+農戶」的新模式帶來的良好社會效應。宛西製藥藥材基地帶動了全國四省六地近五十萬農民走向了小康，實現了農業資源的工業化開發與對接，解決了土地和剩餘勞動力問題，實現企業的發展，也進一步壯大了實力，這種「工業反哺農業」，城市支持農村的新經濟發展模式，也爲新農村經濟建設、進一步提高農民收入提供了一個範本。同時，這種科學、規範的管理模式，也避免了藥農盲目地爲了短期利益毀滅性開發藥材資源，保證了藥材藥源的地道與可持續發展。宛西製藥的所在地西峽地處南水北調中線源頭丹江口水庫的上游，是丹江口水庫的水源地，而宛西製藥二十萬畝中藥材基地建設，使西峽森林覆蓋率提高3.8個百分點。宛西製藥這一現象被學者專家們喻爲「宛藥現象」，並進一步從理論高度把宛西的實踐稱爲「宛藥模式」，這一模式也被看做是解決中國當前改革難題的一劑新的「良藥」。

2008年5月12日，在獲知汶川地震災情的當天，宛西製藥在第一時間開始籌集捐款、調配術後所亟須的相關藥物，連續四十八小時加班加點生產所需的藥品，並親自將藥品與捐款送至德陽等重災區，緩解當地藥品緊張的狀況，爲抗震救災工作貢獻一個中藥企業的綿薄之力。用地道的中藥產品療救傷痛，將中醫藥的仁義之心弘揚光大，也是宛西製藥回報社會的拳拳之心。2003年「非典」肆虐之時，國內預防「非典」的中藥材紛紛漲價，而宛西製藥庫存的預防「非典」的中藥材不僅沒有漲價，還被加工成價值一百六十萬元的「防非II號」成品藥，無償贈送給西峽縣所有中小學校的師生。

宛西製藥一直熱衷公益事業，捐資助學，除了在北京中醫藥大學等十所知名中醫藥院校設立張仲景獎學金、助學金，宛西製藥還當上了一百八十八名貧困家庭小學生的「代理媽媽」，每年六月份爲西峽縣七所高中和職業中學的所有應屆畢業生捐贈價值16.7萬元的生脈飲、腦力寶、清熱解毒口服液等藥品。宛西製藥張仲景獎學金助學金簽約五年，出資五百萬元，每年對一百名品學兼優的博士生、碩士生給予每人五千元的獎勵，對一百名學業優秀、家庭困難的博士生、碩士生給予每人三千元的資助，在未來五年，宛西製藥將資助一千名中醫藥博士、碩士研究生，每年在十所中醫藥院校設立二十萬元的「仲景杯」中醫藥文化知識競賽獎，同時，組織獲獎學金助學金的人員到醫聖故里祭拜醫聖、參觀考察宛西製藥並開展相關學術交流等活動。

經過多年的艱辛探索和不懈實踐，宛西製藥確立了「突出繼承弘揚張仲景中醫藥文化，突出八百里伏牛山中藥材資源優勢，突出中藥現代化、製造現代中藥」的經營理念，「爲員工創造機遇，爲社會創造財富，爲人類創造健康」的文化理念和「讓老中醫放心，讓老百姓放心，讓老祖宗放心」的社會承諾（簡稱「三三理念」），實現了工業文明、商業流通、農業種植三大產業積聚一體，中藥工業、中藥農業、中藥商業、中藥科技、中藥醫療養生保健五大產業鏈完整對接，一切的一切，都顯得渾然天成，合乎規律，順乎自然。

點評：

「保合太和」作爲中華五千年中庸之道文化的集中體現，世世代代影響著華夏兒女，它在宛西製藥這一企業身上再次煥發了光輝。《易經》認爲，支配事物發展過程的內在機制是陰與陽的協調配合，相互推移，「陰陽合德而剛柔有體」，「剛柔相推，變在其中」。因此，宛西製藥在企業的發展過程中注重和諧共處，在人與自然的關係上主張「天人合一」。宛西製藥建設了二十萬畝中藥材基地建設，並通過「公司+基地+農戶」的產業模式進行管理，既實現了農民增收、企業獲利，又使西峽森林覆蓋率提高3.8個百分點，從而實現人與自然和諧共生，循自然規律求發展的「天人合一」目標。由此可見，宛西製藥之所以能夠成功就是遵循自然規律，尊重人才和知識，以中和的態度來看待問題、處理問題，並注意企業發展與自然環境的和諧。

3.4 《易經》中道思維對企業經營管理的啟示

通過對《易經》中道思維的研究，可以發現《易經》中道思想在管理上的內涵是相當豐富的，而這些管理內涵對企業的具體經營管理實踐也產生了諸多啓示。本部分將從企業家價值觀、柔性管理、企業社會責任、危機管理和企業文化等幾個方面，論述《易經》中道思維帶給企業的管理啓示，從而使其對企業的日常管理實踐有更具體的指導意義。

3.4.1 中道思維與企業家價值觀

企業家是企業的靈魂，是決定企業績效的關鍵要素，也是協調企業內部各種關係的中心環節。對外聯結市場、消費者、供應商、協作者，同時又聯絡政府及相關部門，受政府宏觀管理政策的調控和影響；對內，既聯結資本所有者、利益相關者，又聯結中下層管理人員、專業技術人員及普通勞動者。因此，企業家價值觀直接影響企業的經營理念。企業家的意志，決定企業的動態與行爲模式。具有中道思維的企業家價值觀應是義利合一、誠信結合和與禮結合的。

（1）義利合一價值觀

義與利作爲價值取向的兩極，「義」指的是一種宏觀的、整體的公利，也就是利他、利群、利國之利，即一種大義，同時也指倫理道德，公平合理。「利」指的是一種微觀的、屬於個人的私利。企業作爲市場經濟環境下的經濟主體，它追求的是利潤最大化，企業期望財富不斷增長、實力不斷提高和經濟穩定快速發展，但是賺錢並不是企業經營的第一目的，更不是唯一目的，因爲企業不僅僅是一個經濟組織，也是一個社會組織，是社會不可分割的組成部分，企業當然是要賺錢的，但如果企業採取了製假售假、走私、販黃、欺蒙拐騙、偷稅漏稅等不正當競爭手段，這樣不道德的經營活動最終將以倒閉告終。

企業在追求「利」的同時必須有益於社會，重視眼前之利更著眼於長期利益；重視局部之利更重視社會全域之利。「無見小利。……見小利則大事不成」。只有企業的經濟利益符合「義的利」，企業才能永續經營、可持續發展。[14]日本的儒商企業家松下幸之助先生提倡「產業報國」，他說道：「通常有人認為，企業的目的在於追求利潤，我認為利潤確實是推行健全事業所不可欠缺的工具，但絕不是最終的目的，因為企業的根本使命在於謀求人類生活品質的提高，不管處在哪個時代，基本的社會責任都是在透過其經營的事業，以貢獻並提高社會大眾的生活。」

（2）誠與信結合

《易經》中比卦的精髓是誠信競爭。比：吉，原筮，元永貞，无咎，不寧方來，後夫凶。初六：有孚比之，无咎；有孚盈缶，終來有它，吉。比喻誠信為相親相輔之始；六二：比之自內，貞吉。此爻陰爻陰位，又得中，並與上卦「九五」爻相應，因而柔順中正而有上下呼應，比喻相親相輔要發自內心，從自己做起；六三：比之匪人。此爻為凶，比喻親輔的對象應當有所選擇；六四：外比之，貞吉。比喻要向外與賢人親近，要追隨比自己高明的人，做事要永遠誠實可靠；九五：顯比，王用三驅，失前禽；邑人不誡，吉。比喻不可強求得人心，要以中正的態度感召別人，使別人親輔自己，中正的態度是高尚的品德；上六：比之無首，凶。此爻凶險，比喻親輔要善終，「誠招天下客，信聚八方商」，「忠誠不蝕本，刻薄不賺錢」，「一諾千金」，「童叟無欺」等，這些是中國古代商人經商的基本準則。中道思維首重誠信，真誠待客，誠實不欺，守信經營，有諾必承，誠懇相待，貨真價實，認真負責。企業的信用是一種發自內心的道德承諾、人格保證，不一定需要契約約束，只要是口頭承諾，就義無反顧地執

---

14 葉建宏.東方管理以德為先管理思想研究[D].復旦大學，2008，12.

行。

誠與信的結合，包括對合作夥伴的信任。儒家從性善論出發，相信以心換心，將心比心，會獲得誠信的回報。明代開始，就流行「夥計」制度，即出資人聘請幾位可信賴、會經營的人執掌企業的經營，夥計不出資卻可以參與分紅，出資人對夥計完全信賴，交與他一切經營大權，夥計對出資人非常忠誠，盡力工作，不貪私利。以現代的管理精神來看，這是一種良好的經理人制度。

「人無信不立，店無信不開」，西方商人遵守契約講信用，但彼此間卻很少信任，他們只相信利益上的依存關係，不相信道德情感關係。堅持誠信爲本的道德意義是多方面的，誠信能帶來信譽，信譽能帶來更多的商業機會，從而獲得更多的利益促進事業的發展。守信，有時會失去暫時的一些利益，卻可以帶來更長遠更大的利益。

（3）和與禮結合

和氣生財是中國傳統商業經營的一個基本理念，也是一種重要的道德準則。中道思維重「禮」，禮可以致「和」。要自覺地信守著和諧的方法，以謙和恭敬的態度去處理商業活動中的人和事，創造良好的商業氛圍。「貴和」是對顧客的一種尊重，對顧客表現出一種溫和恭敬態度，以主動的態度接待顧客，說話溫和，百問不煩，不計較顧客的苛刻要求，做到「買賣不成仁義在」

「和」是一種正道，「和」的精神貫穿在中道思維處理各方面的關係和事情中。在商業競爭中，中道思維的「和」精神表現一種合作的態度。競爭是市場經濟的一個基本法則，但如何去參與競爭，卻有不同的倫理原則。西方商人信奉弱肉強食、優勝劣汰的法則，因此在競爭中不擇手段。而中道思維卻不一樣，他們雖然積極參與競爭，但不贊成不擇手段的競爭，他們把「和」引入市場競爭，用正當和道德的方式競爭，減少競爭對人的傷害，追求「雙贏」，另一方面，在參與競爭的同時，也積極進行合作，發展一種互利精神。

「政通人和」， 中道思維強調要待人以「和」，另一方面注重處事以通，還以儒家文化中的「窮則變，變則通」的精神爲指導，不在經營中固守一成不變的格局和陳規，因時因勢而變，使自身立於不敗之地。

企業家的主要責任就是做好管理，在行銷管理、生產管理、財務管理、人力資源管理、研究與發展當中盤活企業的資產，滿足市場的需要，履行企業應盡的社會責任義務。因此，要具有高度的責任意識和開拓創新精神，不斷進取，才能使企業長盛不衰。

3.4.2 中道思維與企業柔性管理

外部環境劇烈變化條件下，僅依靠組織管理、生產運作中的適應性，對於企業營造持久的競爭優勢是不夠的。柔性化管理，是認定人有情感，激勵員工、凝聚向心力的有效方式是去理解人、關心人，關注人的情感。在管理過程中，必須對員工進行情感管理，尊重人，多與人溝通，使管理富有人情味，注重內部激勵，激勵的終極是激勵「員工的心」，借助信任、激情、文化引導和情緒識別等措施，啓動員工的工作熱情，從而達到工作效率的提高。

中道思維宣導通過管理者的人格魅力影響員工、感召員工，並對員工採取啓發、誘導以達到「安和樂利」境界。「安」就是安穩，讓企業全體員工生活安穩；「和」就是和諧，使組織內部的人際關係達到和諧境地，溝通流暢、內外上下和諧；「樂」是使大家工作心情良好，以提高工作效率；「利」是指通過理性的規劃，爲每個人主動爭取應得的利益。

上司知道部屬對他的期待，及時適當地滿足他，必將鼓勵部屬更趨於積極，表現出更良好的工作態度。管理者的關懷會得到部屬的忠誠與肯幹，部屬的忠誠與肯幹又會使管理者更加關懷部屬，如此良性循環，生生不息。然而，不論是國家管理還是企業管理，要實現管理目標都離不開德與法的良性結合。如果對企業的管理過分地依賴員工道德，就很容易產生約束力差、應變能力不夠強的問題。因此企業如果崇尙德治，必須考慮德與法的良性結合。傳統的儒商通常有兩種辦法，一是德法兼施，剛柔相濟，二是倫理的制度化。在德法兼施的管理模式中，法律是實現道德目的的一種手段，以法治人的目的是以情動人、以德服人；而倫理的制度化，是把企業管理中的倫理精神或者管理理念具體化爲縝密的制度，並通過制度的運行，將其滲透到全體員工的心中，操作性極強。在現代企業管理中，企業大多片面追求制度化，認爲只有硬性的管理約束因素，才能提高企業的管理效率和整體應變能力，剛盛柔缺，這種對制度化的片面追求，實際上是企業管理僵化和效率低下的重要原因。中道思維的剛柔相濟告誡企業管理者，剛與柔必須相互結合，實現良性互動，因此可以說，企業文化的形成、應變能力和管理效率的提高，都離不開對柔性因素的重視。

3.4.3 中道思維與企業社會責任

傳統的觀念認爲企業目標是只要替股東賺取利潤，對於企業是否應負擔社會責任都採取否定的態度，但是伴隨著經濟快速成長，企業違反倫理道德的行爲也愈來愈多，社會上政商勾結、利益輸送、勞資糾紛、環保抗爭、消費者投訴等事件層出不窮，這些社會現象促使企業在賺取利潤後，開始關心如何回饋社會，及思考其所應負之社會責任。

企業社會責任的範圍是非常廣泛的，陳光榮教授在《企業的社會責任與倫理》一文中，簡單把社會責任分爲八類：行銷管理，做誠實的廣告。生產管理，製造安全、可信賴及高品質的產品。如提供員工舒適安全的工作環境，重視員工之安全與健康。提供平等雇用的機會，雇用員工時沒有性別歧視或種族歧視。良好的員工關係與福利，讓員工有工作滿足感。在新技術發展完成時，以對員工的再訓練代替解雇員工。研發新技術以減少污染。贊助教育、藝術，文化活動，或弱勢族群、社區發展。

美國學者阿奇·卡羅爾（Archie B.Carroll）把企業的社會責任分爲經濟、法律、道德及慈善等四個層面，提出企業社會責任模型：

（1）**經濟責任**。經濟責任是企業最基本的責任，企業要致力於減少成本，以合理的價錢提供產品及服務給消費者，創造利潤，爲社

會帶來經濟成長，帶動社會經濟發展

（2）**法律責任。**法律責任是社會對企業行爲最低的要求，企業的經營運作必須合乎法律的規定，如果企業對於法律有不滿意的地方，應該循正當程序來修改法律，遵守法律的規定，遵守環境保護，消費者保護，勞動法等相關法規。

（3）**道德責任。**道德責任是沒有明文規定於法律中的，社會對企業的期待包括：期待企業的行爲能符合公平、正義等原則。

（4）**慈善責任。**這是社會對企業最高的期待。社會希望企業從事慈善捐助、爲雇員及其家屬建造娛樂設施、支持當地學校，支持舉辦文體活動、公益活動，貢獻金錢及時間。

中道思維提倡企業與自然環境、社會的和諧發展。因此企業必須承擔對多重利益相關者的責任，如消費者、競爭者、所有者、員工、環境、社區，以及對政府等承擔責任，目的是實現企業和社會共同可持續發展。

對於企業來說，施行可持續發展戰略，還要以環境爲先導的生態戰略，要開展可持續發展戰略，維護生態經濟，達到「人與自然和諧」。在生態經濟中，企業環境是給用戶的第一印象，「綠色施工」與「環境管理」越來越受到市場的重視。這種大趨勢，促使企業管理把環境經濟做爲綠色行銷的基礎，在企業文化、生產流程、產品、廢物利用等方面，全部納入綠色管理的範疇之內，樹立綠色企業的良好形象，從而得到消費者的廣泛認同，綠色行銷，已經將管理大趨勢顯現成爲「綠色」。

3.4.4 中道思維與企業危機管理

《易經》認爲，企業在做決策時若充分考慮陰陽對立、剛柔相推及其消長轉化，自可產生正面效應，即相生；如果陰陽只有對立和相剋，則對決策結果有負面影響。因此決策者在進行決策時，要汲取借鑒《易經》的陰陽關係，立足變化，居安思危，存不忘亡。

當企業管理中出現危機時，決策者應隨機應變，靈活變通。在把握事物發展規律的基礎上，根據外部環境的變化，適時適宜地採取變通處理之法。從危機管理的角度來看，企業要因時因地制宜，採取應變式的管理方式，盡可能控制損失，在危機中達到企業與公眾的雙贏，實現轉危爲安，甚至從危機中發現更多的機會。

（1）**順「道」而為。**「道」是事物發展的客觀規律，也是企業管理必須遵循的原則和方法。而「順道」是指管理者應遵循被管理者、組織的基本屬性和發展特徵，唯有如此，才能實現「治大國」如「烹小鮮」，達到「無爲而治」的境界。

企業想提高危機管理水準，首先要掌握危機的特徵，也即是「道」。企業管理中的危機主要表現爲以下幾個特徵：①危機是不可能避免的，所有可能出錯的必然會出錯，而且危機的發生通常不可預見，或不可完全預見。危機發生的這一法則告誡人們做到居安思危、防患於未然的重要性。「凡事預則立，不預則廢」。 做任何事都要有預見性，提前預謀籌畫，才能把握局勢發展的先機。②危機造成的損失不可避免，任何危機都必然不同程度地給企業造成破壞，加之資訊的不對稱，企業面對危機時常常決策失誤。而且危機一旦爆發，若不能及時控制，危機會急劇惡化，使企業遭受更大的損失。針對危機的這一特點，企業必須重視危機處理方式。危機不僅爲企業帶來損失，也可以是推動企業發展的助推器。好的處理方式將更有助於品牌形象的塑造和鞏固，擴大市場銷售。企業如果能發現並利用危機中的有利因素，發現「危機中的商機」，無疑將會給企業帶來更多利益。著名企業危機管理與公關專家奧古斯丁先生說過：「每一次危機的本身既包含導致失敗的根源，也孕育著成功的種子。發現、培育以便收穫這個潛在的成功機會，就是危機公關的精髓。」

（2）**以「人」為本。**中國傳統文化強調人際關係的協調，注重對他人的關心和愛護。以人爲本要求企業在進行危機處理時，要從觀念、意識到具體的操作，首先和根本的維護對象都應該是「人」，是各個層次的人，既包括企業內部公眾——組織員工，也包括企業外部公眾——消費者。只有 遵循了這個原則，企業的危機管理才不會本末倒置，發生偏離。

（3）**追求「圓」滿。**圓滿合理原則要求企業危機管理的結果，一定要符合廣大人民群眾的需要，兼顧各方面的利益。追求圓滿就是企業應該切實以公眾利益爲出發點，盡一切可能消除對公眾的不利因素。企業對危機的這種處理方式，在短期內可能成本過高，但從長遠來看，「人爲爲人」帶來的效益是雙贏的。總之，要盡一切努力避免企業陷入危機，但一旦出現危機，就要重視危機的存在，以最適宜的方式處理危機，轉危爲機，最終實現圓滿合理的結果。

3.4.5 中道思維與和合企業文化

企業文化包括了價值觀念、經營方針、道德規範、傳統作風等因素，這些因素不是單獨的發揮作用，而是在企業內部綜合加工，形成有機整體——即文化意識觀念。文化意識觀念體現於企業精神、制度、價值觀、禮節和行爲方式之中，滲透到企業運行的每個環節中，時刻發揮著作用，成爲企業成長、壯大、發展乃至獲得競爭優勢的過程中不可或缺的軟體要素。

中道思維強調「和爲貴」，宣導和合的企業文化。從每一個人提高自己的自身修養開始，內和與外和，時時處處從他人的角度和利益著想，依序充分體現出：治身和諧、治家和諧（家和萬事興）、治企和諧（企業內部和諧，企業外部產業和諧），社會和諧，國際和諧，最後實現人與自然的和諧。

人和，是人德管理的最高境界。「和諧」是中道思維的價值理念，是組織管理者追求的理想狀態。「和諧」是通過一定的道德原則規範而形成的一種多元兼顧、協同有序、包容開放、相互補充、相輔相成、動態平衡的人際關係狀態。「和諧」是中國傳統管理哲學所追求的價值目標，也是調解組織中人們之間利益衝突的一種管理之術。孟子重視「人和」，提出了建立和諧人際關係的重要性，他有「天時不如地利、地利不如人和」這一千古名論。儒家非常重視「和諧」，「和爲貴」的思想貫穿在企業經營管理的過程中，「和爲貴」就是爲了充分發揮每個人的積極性和創造性，使企業價值最大化。「和為貴」的意義並不是要放棄競爭，孔子說「君子和而不同」、「君子和而不流」，君子善於與人和睦相處、善於協調各種關係、不盲目苟同、不是無原則的附和、隨波逐流……「和」是目的，「爭」是手段，內部和諧的最終目的，是為了進一步增強對外的競爭實力，「內和、外爭」，企業在激烈的市場競爭中，沒有內部的人和，是沒有對外競爭優勢的。

和諧精神的內涵之一是「人際和諧」，這是我們傳統的「和為貴」精神的重點所在。宣導和合企業文化的企業，在勞資雙方關係中，如何協調好雙方的關係是決定企業對外競爭力的關鍵，管理者必須懂得如何使企業的職工得到最大程度的滿足，瞭解職工的需要，加強和職工的交流。以「和為貴」思想就是要構建組織外部的和諧關係，無論是個人、家庭、企業還是國家，要取得發展，良好的外部關係是必不可少的，只有真誠待人，與人為善，以禮相待，並以一種以和為貴的思想來與他人相處，與其它企業、其它國家相處，才能形成良好的外部環境，促進發展。

第四章　《易經》中道思維與企業戰略決策

中道思維在管理中主要表現爲經權管理、人本之道、剛柔相濟、保合太和等管理思想，而這些管理思想對企業的日常管理以及重大戰略決策，也有很大的積極意義。研究《易經》中道思維及其所蘊含的決策思想，並將《易經》中的這些決策思想運用到企業決策中，無疑將對提高企業的戰略決策水準有極大的幫助。

4.1《易經》中道思維與決策思維

《易經》是古代第一部關於預測與決策的書，它是占卦、預測、選擇的經驗教訓的記錄和總結，在原始宗教和原始行爲中，最早體現了遠古人民的決策過程與程序。從管理學的角度研究《易經》蘊含的決策思維，對現代科學決策仍然具有深刻的哲學啓示和實踐意義。

4.1.1 預測思維

預測是決策的前提和基礎，《易經》的一項重要功能就是占筮、斷卦以預測未來支援決策。《易經》的決策強調預測，就是說決策中肯定預測的價值，不過《易經》對預測價值的肯定，往往與卜筮分不開。而古代的卜筮需要很多條件，其預測的價值才能體現，而且卜筮過程中的斷卦與人的閱歷和經驗分不開，卜筮的準確與否很大程度上取決於斷卦這一過程。因此《易經》十分注重人的主觀努力及道德修養，正所謂「善爲易者不占」、「易爲君子謀」，而不是像有些學者所認爲的，《易經》的卜筮充滿了「聽天由命」的宿命觀和迷信色彩。

「探賾索隱，鉤深致遠，以定天下吉凶。成天下之亹亹者，莫大乎蓍龜。是故天生神物，聖人則之；天地變化，聖人效之；天垂象，見吉凶，聖人象之；河出圖，洛出書，聖人則之。《易》有四象，所以示也；繫辭焉，所以告也；定之以吉凶，所以斷也。」《易傳》也充分肯定了卜筮的預測作用。《易經》的卦符系統以及卦爻辭都以卜筮形式記載，卜筮體現了古代人預知未來、趨吉避凶的祈向與願望。要實現這一祈向與願望，有賴於對占問事項及其相關的其他物事可能變化趨勢的準確把握。

4.1.2 整體與時中

現代管理決策講究決策方案和決策目標的整體性，注重決策執行的時機和條件，亦即「時中」，這與《易經》思想相一致。首先，《易傳・繫辭》上的「太極」概念，就是對整體系統發生過程的描述。「《易》有太極，是生兩儀，兩儀生四象，四象生八卦，八卦定吉凶，吉凶生大業」。《易經》科學地把宇宙作爲一個整體，創立太極思維這樣一種整體思維，用整體思維去認識、分析研究問題。《易經》在研究具體問題時，很清楚任何一種決策行爲要想成功，必須從整體上分析各種具體的因素，任何一項決策單方面的成功，並不能帶來最後整體結果上的最優。現代系統工程實際上也體現了《易經》的整體思維方式。系統工程的原理，是把企業的整個經營環境當作大整體，企業當作小整體。企業在整體把握市場和企業經營環境的同時，通過整體分析，確定企業及其產品的位置，從而做出有利於企業的創新性決策。其次，「時中」概念同樣來源於《易經》，並爲《論語》和《中庸》反復強調。孔子講《易》，宣導「知進退存亡，而不失其正」的「時中」，惠棟在《易尚時中說》中也有「易道深矣！一言以蔽之曰：時中。」「時中」是指我們在做出決策、執行決策的時候，都必須因地制宜、因時制宜、因人制宜，而這裡的「人」、「地」、「時」都必須看作是整個系統的有機組成部分。因此，「時中」實際上是以整體系統中的時間過程及其轉化爲先決條件的，它強調在決策過程中決策者的創造性參與，以適應整體系統所包含的時間過程，並進而創造出新的整體系統。

從西方管理思想來看，決策是根據經驗科學與行爲科學所做的一種理性而客觀的判斷。利用資訊系統，對於所有的可能性可以評估分析，衡量收益的質與量，再加以選擇，這樣的過程幾乎完全去除了主觀的因素。但是，決策的主體是人，而不是機器，因此不可能實行完全理性的模式。而實際上，即使人做到了完全理性，產生的決策結果也未必理想。相比之下，中國人重視大原則的把握及個人參與，容許相當成分的主觀理想、目標與認知融入其中，反而使決策過程更實際可行。[1]儒家有「立其大者」的論述，實際上就是對大原則的把握，即在決策之前，先行確立原則，然後就各種可能性加以評估，由於融入個人主觀目標、理想與認知，所以產生「有所爲，有所不爲」的原則性選擇，這樣的選擇不單純是理性的、知識性的，而且是智慧性、整體性的。例如當今社會很多企業只重視自身目標實現所產生的功利價値，而《易經》則是強調企業的發展目標，首先要符合「保合太和」的最高原則，在此前提下，再結合企業自身和外部環境，確定具體的組織目標。其中，「保合太和」便是決策的大原則。

4.1.3 人性管理

《易經》幫助決策者可以通過占卜（即求助於神秘力量），獲得相當程度的啓示資訊，再參酌相應的古人生活與管理決策經驗（即卦辭和爻辭），以及決策者的個人生活經驗、占卜解惑歷練和推理能力，協助認清所處狀況，並採取相應的解決方案。

[1] 成中英.C理論——中國管理哲學[M].北京：中國人民大學出版社，2006.

企業的任何決策都要力爭達到主客觀統一，這就要求企業既要自覺遵循客觀規律，又要充分發揮人的主觀能動性。《易經》常以吉、凶、悔、吝等來說明預測和決策行爲的結果。如果決策者未能把握和適應客觀規律，認識發生偏差，則凶；反之，如果充分發揮人的主觀能動性，準確把握自身與客觀情勢的現狀，選擇最佳的行動方案，那麼註定吉利，或者逢凶化吉。

以科學爲代表的理性思維方式，注重量化和精確；非理性因素更多的反映了人的複雜情感、內心世界、價值觀念。理性管理的特點是抽象性、客觀性、機械性、二元性與獨斷性，而偏重於非理性因素的人性管理恰是其對立面，具有具體性、主觀點、有機性、整體性和相對性的特徵。理性管理的特點排除了人的主觀經驗、價值觀和個性因素對決策的影響，從而使得決策的過程變得機械，而人性管理則強調了人的非理性，這一特點決定了人性管理的決策過程具有創造性的特點，創造性決策的特點在於非程序性（非結構性）、多元性、確定性與不確定性的對立統一、相似性與相異性的對立統一。《易經》中強調變動，它通過動爻位置以及卦象是否符合特定的原則，爲決策者提供了最終決定的可能變化趨勢，使決策者可以根據預測的可能發展變化的方向，在最終決策的執行過程中不斷地調整和修正。而在西方的管理決策模式中，無論是最佳解還是滿意解，都明確地展現個體的最終並且是唯一的決策結果，是不考慮決策的權變性的。權變的可能性反應在個體的理性分析過程，對管理決策準則和偏好的設定以及可行待評方案的選擇結果上。另外，依西方管理決策模式形成的最終方案，決策者似乎就必須按此解決方案執行。而《易經》除了形成可能的管理決策之外，對卦象的釋義可能會因決策者的價值觀、生活經驗以及文化程度等有不同的解讀，而作出差異化的決策，因此《易經》在管理決策結果的詮釋上，彈性要高於西方的決策模式。2

2 邢彥玲.《易經》管理決策模式分析[J].齊魯學刊，2007，(2).

4.1.4 應變創新

《易經》是發現並應用對立變化原理的世界歷史上最早的一部書，其占筮、預測和選擇等決策過程和方法，是建立在陰陽對立、互補、統一、轉化的觀念之上的。《繫辭下》有：「《易》之爲書也不可遠，爲道也屢遷，變動不居，周流六虛。上下無常，剛柔相易，不可爲典要，唯變所適。」管理需要計畫，而企業所有的計畫在做好以後肯定會產生新的變化，因此必須經常加以調整才能順利執行。《繫辭上》說：「富有之謂大業，日新之謂盛德，生生之謂易。」即是闡示這種生命規則。「富有」，就是所謂事物由小到大，由少到多，持續繁榮滋長。「日新」，就是《大學》所說的日日新，事物不斷變易創新。「生生」，事物不斷更新創生，永不停滯。這就告誡人們要與時俱進、不斷創新，而企業也必須做到知變、應變和適變。

決策思維上，《易經》要求決策者審時度勢，合理應變；要「巽以行權」，針對具體問題，創造性的做出適當的決策；要善於辨別眞僞，決策時要抓住事物眞相，決策的依據要眞實可靠；要「觀其會通」，在決策的過程中，抓住問題的主要矛盾，確定解決問題的行動目標；要有憂患和防範意識，採取防範和應急措施，減少決策風險等。從企業管理實踐中，應變創新是現代管理決策的主要原則之一。《易經》應變思維在現代管理的應用上體現爲三個方面。[3] 一是管理者要掌握變易、不易和簡易的「三易」原則。「變易」是萬物和人世的不斷變化；「不易」是各種規律和原則的確定不易；「易簡」是對規律本質的簡明把握和領悟。簡單管理是管理發展的方向，管理的制度化、規範化、標準化、資訊化、普及化，是「簡易」的路徑。管理者靈活運用《易經》的「三易」原則提高管理效益。二是以人爲本進行管理，運用應變的思維和規律，適應人心以進行合理的管理，且做到知變、應變、適變使管理協調有效。三是企業必須靈活變通，重視

---

3 陳雪明.周易與現代企業管理[J].交通管理，1997.

創新。在當今複雜多變的環境中，企業要想求得生存，就必須懂得應變創新，以適應動態多變的環境，找到企業的生存之道。因此管理者通過適應環境中的變化，尋找出化解企業管理難題的方法。

4.2 《易經》中道思維與決策者素質

決策者的素質決定決策成敗、好壞，從而成爲管理成敗的重要因素之一。從企業管理的主體看，是人在經營管理著企業；從企業經營的終極目的看，是爲了滿足人的和諧發展的需要；從競爭的角度看，企業之間的競爭歸根結底是人才的競爭；從決策的角度談企業管理，西蒙說 「管理就是決策」，而決策的主體也是人，可見「人」是企業的靈魂。

4.2.1 決策者素質的重要性

4.2.1.1決策者戰略決策職能日趨重要

企業戰略決策是企業的一種深層次調整行爲，涉及到企業未來的發展，這決定了決策者一般是以企業家爲代表的高層決策團隊。一個企業的戰略決策水準，常常表現爲決策者的戰略決策能力和戰略思維水準，因此決策者的戰略決策能力以及其戰略決策管理水準就顯得尤其重要。

戰略決策通常是決策者以銳利的目光和敏捷的思維，及時捕捉處於動態之中的零散而微小的資訊，進行綜合分析判斷的過程。戰略決策是一個動態過程，它受諸多價值觀念和決策者經驗的影響。決策者的決策能力是其判斷、預測和膽識的高度融會，由決策者整合各種生產和經營管理資源來體現。

在競爭日趨激烈的時代，決策者的戰略決策職能變得異常重要，其戰略決策能力的強弱，直接決定了企業的成敗。企業家的戰略決策職能體現在以下幾個方面：一是企業經營環境的高度動盪和競爭的激烈，激烈的市場競爭要求企業必須不斷地對業務範圍、目標和戰略進行調整。二是隨著企業規模的擴大，企業內部的複雜性增強，需要決策者不斷地根據發展戰略的要求，從企業整體的角度優化企業的整個經營模式。三是企業管理工作存在著分工，作爲企業統帥的企業家，更多地承擔著爲企業提出遠景、設定目標、制定戰略的任務，而且也只有企業家才能實施戰略決策。企業對戰略管理的強烈需要和企業家的角色定位，決定了在新的世紀加強企業家的戰略決策職能具有無與倫比的重要性，也是企業決勝國內外市場的最關鍵一環。

4.2.1.2 決策者戰略決策能力成為關鍵

要做出科學的戰略決策，常常需要決策者眞正瞭解大量有關特定的產品、技術、市場和人員情況等方面的資訊。缺乏這種瞭解，就根本不可能形成任何好的設想、合理的戰略，或對其他人提出的設想或戰略做出正確判斷。同樣，它也要求決策者思維敏捷，有相當強的分析能力和從戰略上、全域上考慮問題的決策能力，以及具備一種能將上述所有資訊綜合形成一項合理規劃的可靠判斷力。

西蒙在《管理決策新科學》中，把科學知識進入決策部分稱爲「程序化決策」。西蒙注意到「程序化決策」即使非常完美，當它作用於不同的人、時間、地點或作用於不同的企業時，會產生不同甚至相反的決策結果。這種決策模式與知識的關係不是十分明顯。他說：「制定非程序化決策所依靠的，是到目前爲止人們尙不瞭解的心理過程」，「我們不知道這種技能來自何方」。因此，無論是程序化決策還是非程序化決策，決策者的素質都從不同程度上影響了決策的結果，成功的企業家應具有見識、學識和膽識，能高瞻遠矚，審時度勢，又能果斷決定，有力行動，有在激烈競爭、大風大浪中駕馭企業發展的能力。企業家不能因一時一地的成功而夜郎自大，固步自封，要不斷地進步和提高。

4.2.2《易經》中道思維對決策者素質的要求

與理性決策模式不同，《易經》通過占筮成卦以及對卦爻辭進行解釋，得出決策者的行爲選擇。而決策的成功與否不僅在於決策行爲的選擇，還與決策者素質有必然的聯繫，因爲在這一決策過程中，決策者的非理性因素如情緒、直覺、價值觀念等會介入決策過程，從而影響決策結果，因此《易經》中對決策者的素質提出了一定的要求。4

4.2.2.1 關心下屬，真誠守信

決策的過程涉及到組織目標、方案的制定與最終方案的選擇。決策過程的方方面面都會涉及到各個相關者的利益。因此，高層領導決策的出發點至關重要。如果決策者的動機或者決策出發點不對，這樣即便決策因外界原因能得到短期利益，但組織的長期利益肯定得不到保證。

決策者要特別關注下屬員工的利益，而且，還應關注組織所服務的對象。決策者要在組織目標、方案實施的結果上遵循「損上益下」的原則，就其現代意義上就是爲下屬、爲組織服務的對象謀利益。益卦九五爻「有孚惠心，勿問元吉：有孚惠我德」，在該卦中，「君位」五爻爲陽爻，即九五，喻陽剛中正 ，同時九五爻與下卦中六二相應，剛柔得中且相應，毫無疑問大吉大利。可見，領導者若對下屬及其組織服務的對象懷有一顆眞誠守信的心，則領導者眾望所歸，深得人心，下屬必將湧泉相報。

《易經》強調人的主觀能動性，其主觀能動性包含個體和群體的主觀能動性兩個方面，個體應「自強不息」、「厚德載物」，群體則強調「和同于人」、「富以其鄰」。《易經》明確提出，要靠「有孚」，即靠誠信去爭取他人的理解，使決策順利貫徹執行。只有眞情

---

4 楊愷鈞.周易管理思想研究[D].復旦大學，2004，5.

才能換取眞情；只有摯信才能換取摯信。誠重要的是出乎「中」，那就是說誠要做到眞正發自內心。《易經》有「中孚』一卦，上兩爻和下兩爻下爲陽爻，中間兩爻爲陰，即四陽爻在外，而兩陰爻居中，柔在內剛得中，說明內心是謙遜的、誠懇的。「中孚，豚魚，吉。利涉大川，利貞」。這是中孚卦的卦辭，意思是心中誠信能獲吉，有利於渡大河，固守正道則有利。

4.2.2.2 決策果斷，兼顧全域

《易經》夬卦告誡管理者做決策時一定要堅決果斷，摒棄私心。其卦象爲上爻爲陰，其餘五爻爲陽，爲一陰爻乘於五剛爻之上。夬卦有「揚于王庭」，意思指君子對小人的制裁應當光明正大，宣揚於「王庭」，秉承公正無私、光明正大的原則。也就是說果斷決策的前提是符合社會道義。這也告誡管理者，心中無私心，決策才不會猶豫不決。夬卦九五爻有「莧陸夬夬，中行无咎」，意思是制裁小人、剷除邪惡務必要斬草除根，免留後患。然而五爻離六爻這一陰爻最近，很容易受私心、情感等因素影響，所以決策必須摒除私心，堅決果斷。企業管理中的任何一項決策，不可能讓所有人都完全滿意，所有的決策都是有利有弊，長期利益和短期利益難以完全兼顧，所以在決策時要學會放棄，懂得取捨。優柔寡斷的人不是輕舉妄動就是猶豫不決，因爲他對事物、對工作缺乏全域的理解和判斷，不能審時度勢，難以抓住問題的要害。另外，象曰：「剛長乃終也。」是指陽剛盛長最終必能制勝陰柔，這既是揭明正義必將戰勝邪惡，全域最終起決定性作用，又使決策者堅定信心，暫時的割捨必將換來全域的幸福。「孚號有厲」，在果斷決策之後，仍然要心懷誠信具備戒懼之心。應該說果斷之餘還須謹慎。果斷不等於武斷和魯莽，九二爻「惕號，莫夜有戎，勿恤」，比喻爲祛除邪惡應隨時戒備，警惕邪惡反擊。

4.2.2.3 把握時機，量力而行

決策的成敗有時候不取決於方案的好壞，而取決於決策的時機和

條件。艮卦象辭有「艮，止也。時止則止，時行則行；動靜不失其時，其道光明」。而《易經》中解釋卦象爲「行其庭，不見其人，无咎」。意思是指不要盲動。而在企業的發展戰略上也基本存在先發制人和後發制人兩種模式，而且這兩種模式不存在哪一個模式更好的問題，因此任何一種戰略的實施，都要視企業面臨的具體情況而定。麥可·波特在《競爭優勢》提到先發制人有利於企業確立開拓者的聲譽和地位，可以搶先進入具有吸引力的市場等優勢。但技術突變產生的替代威脅、市場需求的不確定、低成本模仿者的進入等未知因素，將會造成率先行動者不利。

此外，適時而動要結合企業自身情況和外部環境。《易經》鼎卦上接井卦和革卦，它是言談改革的第三卦。鼎卦利用「鼎顛趾，利出否；得妾以其子」，和給鼎裝上「黃耳金鉉」、「玉鉉」的形象，來談改革後的可喜收穫，同時也提出由於改革不愼而帶來「鼎折足」的可怕結局。鼎卦九四爻辭的「鼎折足，覆公餗，其形渥，凶」，是說當鼎足折斷了，鼎被毀壞了，被烹飪的食物被顛翻，其鼎中的食物倒出來沾汙了鼎的全身，這樣就很凶險。所以企業發展要量力而行，企業的每一項決策都要與其發展階段相結合。

在企業創業初期或者發展遇到困難時，事業出現暫時的困頓，也即小畜卦「密雲不雨，自我西郊」所描述的狀況。在這一時期，企業要有目標和方向的積蓄實力，同時，積蓄力量要發揮團隊精神，團隊學習中互相支持、相互激勵。小畜初九爻辭「復自道，何其咎，吉」，初九以陽剛位居最下，爲陰所蓄，前途吉祥。而當企業蓬勃發展、規模和資產不斷擴大時，領導者一定要保持清醒的頭腦，不能得意忘形，盲目投資。大畜卦的大畜意爲大積蓄，意思是不畏嚴重的艱難險阻，努力修身養性以豐富德業。這一卦告誡企業的領導者，當企業發展到強盛期，企業仍然不冒然前進，盲目決策。企業的力量固然強大，但仍然崇尚賢能，積聚人才，有了這些品德，一個偉大的企業才會誕生。

4.2.2.4 居安思危，防患於未然

憂患意識是《易經》的精要，亦是易道管理的基本內涵。在《繫辭》之中，憂患意識被反復提及，「《易》之興也，其於中古乎？作《易》者，其有憂患乎？」坤卦六四的象辭有「慎不害也」。坤卦《文言》則有「蓋言謹也」。《易傳》強調「安而不忘危，存而不忘亡，治而不忘亂」，做到「思患而預防之」，「明於憂患與故」，「吉凶與民同患」，「懼以終始，其要无咎」。乾卦九三爻「君子終日乾乾，夕惕若，厲无咎」。君子整天健強振作不已，直到夜間還時時警惕慎行，這樣即使面臨危險也免遭咎害。在《易經》之中，憂患意識不是杞人憂天，患得患失，而是一種洞察宇宙人生，肩負歷史重託的高度生存智慧和崇高的擔當精神。對於身處順境的人來說，它可提醒其要居安思危、謹慎從事，而不可得意忘形、肆意妄爲。而對於身處逆境的人來說，它又可激勵其辛勤工作、奮發圖強。在當今日新月異的時代條件下，在企業面臨巨大的生存壓力的狀況中，企業決策者要有充分的憂患意識，要居安思危，謹慎小心，不可貪圖享樂，肆意妄爲。任何企業，不管它曾經如何輝煌，規模多麼巨大，如不能居安思危，以憂患之心，思憂患之故，變通趨時，就難免衰敗凋零的下場。相反，如果一個企業能時刻保持高度警覺，臨深履薄，謹慎戒懼，及時變革，除亂救弊，那麼它一定會在競爭中立於不敗之地，在社會的發展變化中始終擁有自己燦爛的前景。

4.3 《易經》中道思維對企業戰略決策的啟示

隨著經濟的快速發展，現代戰略決策理論在我國眾多企業中得到了廣泛的應用，企業的戰略決策水準也因之有較大的提高。然而，從企業的管理實踐來看，我國的戰略決策還面臨很多的困境，如企業家和員工的角色如何定位，員工對企業戰略決策的參與和影響程度，企業戰略決策如何適時適宜調整，企業戰略決策原則是否全面準確。企

業面臨的這些決策困境，無疑大大降低了企業的戰略決策效率，阻礙了企業戰略決策水準的提高。而從管理學角度來看，《易經》中道思維蘊含著豐富的戰略決策思想，並對決策者的決策素質提出了一些詳細的要求。這些決策思想和其中蘊含的對決策者素質的要求，對解決當代企業戰略決策面臨的困境有很好的啟示。

4.3.1企業家與員工的角色定位

在企業實踐中，企業家與員工的角色定位是戰略決策的基礎。然而很多企業在企業與員工的角色定位上面臨困境，有的企業認爲員工是企業的主體，有的企業認爲企業家處於企業的主體地位，甚至很多學者和管理學家在這一問題上也尚無定論。認爲員工是企業主體的企業，可能會過多考慮員工的意見，過於民主，反而不利於戰略決策的快速制定，有些甚至會出現決策與企業家和企業利益相背的局面；而如果過分強調企業家的主體地位，企業的戰略決策可能得不到員工的認同，造成執行上的困難。而要解決這一兩難問題，我們可以從《易經》的中道思維尋找答案。

乾卦和坤卦是《易經》六十四卦中的第一第二卦，是《易經》的總綱。乾卦六爻皆陽，象徵旺盛的生命力不斷進取的精神，即「天行健，君子以自強不息」。因此，企業家要效法這種自強不息的精神，不斷進取；還要教育員工發奮圖強，使企業上下都能奮發有爲，以堅強不屈的意志和毅力擺脫困境，創造奇蹟。坤卦六爻皆陰，象徵柔順包容、奉獻的高尚品德。「地勢坤，君子以厚德載物」。坤的本義爲順，一是順從天道，生養萬物；二是坤代表群眾，群眾順從領導，個人要順從組織，員工要遵紀守法，順從企業的規章制度；三是大地承載萬物，默默奉獻，從不索取，從無怨言，即厚德載物。因此， 乾坤原理就是「自強——奉獻」的原理：企業家和領導者應自強不息，很好地發揮統領和剛健的一面，發揮戰略決策制定的核心作用；員工應奉獻於企業，注意剛柔配合，積極參與決策制定並確保決策的正確執行。企業如果實施這一原理，必然使企業充滿活力，走出企業家和員工角色定位的困境。

4.3.2 企業戰略決策模式優化

企業的戰略決策模式至關重要，它在很多時候是戰略決策成功與否的關鍵。企業的戰略決策模式常面臨兩個極大的難題，一個難題是所有員工唯命是從，企業的戰略決策會議常成爲「一言堂」，企業上下溝通效率低下；另一個是企業的戰略決策以決策者的利益爲出發點，對員工的利益考慮太少，使得戰略決策得不到全體員工的支持。

針對這些問題，企業應該運用《易經》中道思維的決策思想，對其戰略決策模式不斷進行優化，以確保企業戰略決策目標的成功實現。

首先，利用乾坤兩卦的組合原理，可加強企業上下溝通的效率。乾卦和坤卦可以組合成兩種新卦：一種是乾卦在上，坤卦在下，組合成否卦；另一種是乾卦在下，坤卦在上，組合成泰卦。從溝通效率來看，第一種組合方式更合理，因爲八卦是從下往上，上爲天、下爲地，符合自然規律。「泰」是通暢，天地相交爲「泰」，泰卦是「天」在下面而「地」在上，它象徵著天地交感，故泰卦爲吉。而否卦與泰卦剛好相反，「地」在下而「天」在上，這樣就表示沒有上下交感的動因，沒有前途，否卦表示不吉。否、 泰兩卦講的上下溝通之道。「泰」就是通暢，天地相交爲「泰」；「否」就是阻塞，天地不交爲「否」。天在上而地在下；在企業中「天」代表領導、上層，「地」代表職工、下層。如果「地」之氣下降於「天」，「天」之氣上升於「地」，這就是「泰」，象徵成功、吉利。否則，天地之氣不相交，那就是「否」，象徵困難凶險。 「否極泰來」是指壞運已經過去，迎來了好運；實際上應該是消除了阻塞的因素，加強了溝通；「否」轉爲「泰」。在企業管理上，領導與員工之間、上層與下層之間， 要建立溝通的機制，不但在資訊上互相溝通，而且在感情上互相融合，才能發揮企業的整體效應，否泰原理就是「溝通——融合」的原理。

其次，損益兩卦告誡企業決策者所做出的戰略決策，不能以自我利益爲中心。損益原理：損——損下益上爲損；益——損上益下爲益。《易經》認爲賢明的國君，寧肯自己少享受一些，也要讓老百姓多得點實惠，這樣國家就會興旺；愚昧的君主，不顧老百姓的疾苦，搜刮民間財富以供自己揮霍，這樣國家就要衰亡。在企業管理上，要優先照顧下層員工的利益，儘量讓他們在物質上、精神上多得實惠；上層領導少拿點報酬，老闆少得點利潤，歸根到底企業會發展得更快。「損」就轉化爲「益」了。損益原理就是利益驅動原理。實施這一原理，就會使員工的向心力大大增加，自覺地信服領導，爲實現企業的目標而貢獻自己的聰明才智。

4.3.3 適時而動的企業戰略決策調整

任何一個企業都有自己的生命週期，而基業常青是每個企業領導人追逐的夢想。在企業不同的發展階段，必然有不同的管理方式，而其戰略決策的重心，也應該隨著企業的成長進行適時的調整。然而，企業面臨的難題是企業難以確定其戰略決策何時該變，何時不變，以及如何變化。

乾卦六爻體現了一個極其重要的原理，即企業生命週期原理。企業競爭戰略選擇受到企業生命週期的影響。每個企業都會經歷不同的發展階段，每個階段都會有不同的特點。生命週期理念在乾卦中的體現，總體可概括爲「天行健，君子以自強不息」。乾卦的卦辭是「乾，元亨利貞」，意思是乾象徵天，元是萬物創始，亨是順利成長，利是祥和有益，貞是正義堅固。這一規律是乾卦的總原則。乾卦的六爻，闡釋了企業成長的一般性規律。企業在自己的成長軌跡中，最重要的一個原則便是與時偕行，在正確的階段做正確的事情，即企業的戰略決策一定要準確到位，只有如此，企業才能平穩成長。[5]從

---

5 穆曉軍.學易經通管理[M].北京大學出版社，2008.

管理學角度看，乾卦六爻分六個階段，闡述了企業和企業家成長歷程的一般性規律，並就每個成長階段的重要問題，作出了高屋建瓴的深刻提示。

初九，潛龍勿用。初九象徵著事物演進的第一個階段。對企業而言，這是企業的「種子期」或者「開辦期」。「種子期」的企業需要很多積累，尋找資金、發現客戶、積累管理經驗等。然而「潛龍勿用」時期的企業，通過積極的努力和儲備，肯定會有發展。此時「勿用」是厚積薄發，應該審慎選擇，充分積累，提升決策者自身素質，正如《易經》所言：「潛之為言也，隱而未見，行而未成，是以君子弗用。」

九二，見龍在田，利見大人。「初九」的積累之後，企業步入第二階段，處於這一階段的企業可稱之為「初創期」企業。這時候的企業通常比較弱小，資源不多，客戶有限，產品剛剛被市場接受，但還不穩定，銷售也有限，總之企業在困境中艱難前行。但正因為「見龍在田」的企業比較弱小，其資產和業績的基數都較小，這時候的企業通常發展都很快。這個時候企業需要與大企業搞好關係，依託大企業的市場和規模優勢，發展自身。

九三，君子終日乾乾，夕惕若厲，无咎。經過第二階段「見龍在田」的企業要想順利發展下去，管理必須進行反思，重新思考自己的戰略決策，企業才能進入高級階段。在進入高級階段之前，企業必須重新學習。企業在初級與高級階段的管理知識和管理水準差異很大，企業必須紮實學習為下階段的成長做準備，尤其是企業家的管理經驗和管理水準需要總結和昇華。《繫辭下》說：「危者，安其位者也。」意思是說面臨危險的人，都是過去安於其職位的人。反過來，每天戰戰兢兢活在危機中的企業，反而是發展最快最好的企業，這就是比爾・蓋茲說的「微軟離破產永遠只有十八個月」。

九四，或躍在淵，无咎。九三階段的「无咎」使企業做好了內部條件的儲備，一旦外部條件完備，企業自然進入高級階段。步入高級階段的企業，應把視線轉向更大的發展空間，比如IPO。在管理架構上通常開始分權。此時的企業管理應以「无咎」爲原則，做對的事情並把事情做對，不犯錯誤，或者及時糾正錯誤，企業就能順利前行。

九五，飛龍在天，利見大人。此時的企業，具有行業領袖的地位，可能已經做過戰略併購，即從產品市場向要素市場的擴張，通常還會做些多元化的的投資。無論是否上市，「飛龍在天」的企業，肯定是其所在細分市場時空範圍之內的「大盤藍籌」了。

上九，亢龍有悔。爻位是偶數，爻性是陽數，不當位，「貴而無位」，因此必須隨時警惕。《易經》告誡說：「日中則昃，月盈則食」。《文言》：「亢龍有悔，窮之災也。」在《易經》的理念中，從來不走極端，沒有「最好、最高」之類的話題。「反者道之動」，任何事物發展到極端，就有一種趨向，即朝相反方向的另一個極端移動。處於「亢龍有悔」階段的企業，組織的官僚化程度肯定很高，必定會耗散企業的活力。企業要想獲得新生就得進行創新，比如流程再造、矩陣結構、組織層級，以及新興ERP手段等。

第五章 基於《易經》中道思維的戰略決策模型構建

隨著市場競爭程度的不斷加劇以及企業目標的進一步多元化，企業所面臨的決策客體和決策影響範圍越來越廣泛，決策環境越來越複雜，而要求企業做出重大戰略決策的緊迫性卻在不斷提高。結合前面對《易經》中道思維內涵及其與企業決策關係的研究，本章從《易經》中道思維決策模式入手，分析當前戰略決策理論的不足及企業戰略決策管理遇到的問題，在此基礎上構建中道思維戰略決策模型，以豐富和完善戰略決策理論，並更好地指導企業具體管理實踐。

5.1 《易經》中道思維決策模式

5.1.1 西方管理決策模式

「模式」（Pattern），在漢語大詞典中被解釋爲「理論的一種簡化形式，對現實事件的內在機制和事物之間的直觀的、簡潔的描述；能夠向人們表明事物結構或過程的主要組成部分和相互關係」；在哲學中被解釋爲：「一個時代提供給社會參與的，在典型問題及解決方法方面被普遍認識的科學成就」；[1] 在社會學中被解釋爲：「一個已

---

[1] Kuhn,Thomas S.The Structure of Revolutions 3rd ed[M].America:The University of Chicago Press，1996，14.

知的具體科學成就，一套已被公認的習慣，馬格利特，瑪斯特曼認爲模式就是一個思維的構造，一個造物，一個體系，一個依靠本身成功示範的工具」。

著名經濟學家魏傑對管理模式作過這樣的論述：「企業管理模式，實際就是講一個企業在管理制度上的那些最基本的、和別人不一樣的規則和做法，也就是講各個企業在管理制度上的最基本的不同特徵。……把一個企業的管理制度中不一樣的地方概括出來，所形成的內容，就成爲這個企業的管理模式。」2

任何模式都是由特定的要素所構成，都代表著具體、客觀和實際的事物。模式這一理論工具運用到戰略決策領域，就產生了企業戰略決策模式，即戰略決策模式是由多維決策要素所構成的有機協調系統。3 戰略決策模式依賴戰略思維的正確指導，不同戰略思維指導下的戰略決策模式的側重點是各不相同的。本文所研究的基於《易經》中道思維的戰略決策模型，就是將《易經》中道思維用於指導企業戰略決策行爲，以使企業的戰略決策效果達到「保合太和」的最高目標爲重點；相反，西方企業決策管理是以理性主義的思維爲指導的，因而戰略決策以強調企業自身經濟利益爲戰略決策管理的重點。

目前，西方管理決策模式中比較有代表性的有四種：完全理性模式、有限理性模式、漸進決策模式和垃圾桶模式。

（1）完全理性模式

完全理性模式的理論基礎是亞當・斯密在《國民財富的性質和原因的研究》一書中提出的「理性經濟人」。「理性經濟人」具體包括三層含義：第一，人是自利的，追求自身利益是驅動人的經濟行爲的根本動機；第二，經濟人是理性的，能根據市場情況、自身處境和自

---

2 魏傑.企業前沿問題---現代企業管理方案[M].北京：中國發展出版社，2002，142.

3 王愛國.高技術企業戰略管理模式的創新研究[D].天津大學，2006.

身利益作出判斷，使個人利益最大化；第三，人們在追逐自我利益的過程中，市場這隻「看不見的手」會使自利行爲達到互利的結果，進而使整個社會都富裕起來。

完全理性模式又稱爲古典模式（Classical Model）。主張個體在做出決策時能收集到與決策相關的全部資訊，並根據完全資訊進行分析處理，制定出所有可行方案，最後按最符合自身利益的目標選擇可行方案，所以個體能做出最爲理性的決策。完全理性模式的決策步驟一般可以分爲：第一，界定問題並確定決策目標；第二，方案設計活動階段，制定所有可行的方案；第三，根據決策標準，選擇符合自身利益的最佳方案；第四，方案評價階段。

（2）有限理性模式

有限理性（bounded rationality）的概念最先是由阿羅提出的，他認爲有限理性就是人的行爲「即是有意識地理性的，但這種理性又是有限的」。

當然提及有限理性模式就不能不提到西蒙博士，他在《行政行爲學》、《現代決策理論的基石》等著作中，向經濟學中的理性假設提出了挑戰。他認爲由於人們的行爲計畫有限、認知能力有限並且受複雜操作環境等因素的影響，決策者在進行決策時無法達到完全理性狀態，應該對完全理性模式進行修正，進而發展出「有限理性」模式，又稱爲滿意模式（Satisfying Model）。

「有限理性」是西蒙決策理論的核心概念和根本前提。這一模式認爲「有限理性」具體體現在三個方面：其一，現實中的人是完備知識的追求者，但永遠不可能達到具有完備知識的狀態，並且現實中的人由於自身存在感知閾値，所以對自身所處環境的感知能力是有局限的，而決策者的知識能力是決定決策效果的重要影響因素。其二，即使決策主體掌握了決策所需的全部相關知識，也還會被隨之而來的預期難題所困擾。西蒙認爲，由於我們的大腦並非在某一時間就掌握了所有的結果，這是造成預期和實際差異的原因，而隨著對結果偏好的轉移，注意力也會從某一價値要素轉向了另一種價値要素，這種價值偏好的轉移，使「決策者對相同的資訊做出不同的解釋和判斷」。4 其三，由於現實世界的決策問題的複雜性，個體處理資訊的能力有限，人們只能制定出有限的幾個備選方案，決策者只能在這些有限的備選方案中進行選擇。

正是基於以上原因，所以決策者無法形成和比較所有的可行方案，決策者只能在有限的能力範圍內，從制定的可行方案做出「滿意的」或者「夠好的」決策。在這種模式下，個體追求的是滿意解而非最優解。有限理性模式的決策步驟爲：①發現問題；②確定目標；③擬定有限個可行方案；④依據決策目標，評估可行方案；⑤選定滿意的方案。

（3）漸進決策模式

漸進模式（Incremental model）這個概念，最早是由美國著名的經濟學家、政策分析家林德布洛姆（lindblom）提出，其理論最初稱爲漸進主義（Incrementalism），隨後演變爲漸進調適科學（Muddling Through），又改爲繼續漸進主義（Disjointed incrementalism）5。

所謂漸進決策模式，是指決策者在進行決策時會在既有的合法政策的基礎上，採用漸進方式對現行政策加以修改，通過一連串小小的改變，在社會穩定的前提下，逐漸實現決策目標。

漸進決策模式認爲，決策過程是一個相互依賴永遠連續的過程。任何決策行爲都受到諸如原有政策、慣例、傳統、社會文化等制約因素的影響，決策者在進行決策時，要從歷史和現實條件的角度出發進行決策，注意保持政策的連續性；在決策方法上注重大量細微的變化，從而使決策實現從量變到質變的過程，保持決策的穩定性，防止大起大落；在方案的選擇上要求決策者既要制定決策方案，還要控制決策的整個過程，使決策方案處於自己能力的範圍內，這樣可以很好地保證決策的效果。

---

4 齊明山.有限理性與政府決策[J].新視野.2005.(2).

5 朱志宏.公共政策[M].臺北:三民書局，1995.

這一模式的提出，縮短了決策理論與現實決策行爲之間的差距，在決策實踐中具有較強的應用性。

（4）垃圾桶模式

垃圾桶模式最先是由科恩（Michael Cohen），馬奇（James March），奧爾森（Johan Olson）等人提出的。他們在實驗觀察的基礎上，於1972年發表的〈組織選擇的垃圾桶模式〉（A Garbage can model of Organizational Choice）一文中，正式提出了這一非理性的決策模式。

這種模式最早用來解釋「組織化無序」（organized anarchies）的決策過程。「組織化無序」具體有以下三個特徵：第一，模糊偏好（Problematic preferences）。即組織的決策者對於解決問題的偏好，缺乏一致和明確的界定；第二，不瞭解技術方法。即組織決策者不瞭解整體的決策過程，對如何達到預期目標的技術方法和措施，沒有清楚地認識；第三，流動性參與（Fluid participation）。不同部門的不同人員會在不同階段，對組織的決策行爲有著不同程度的參與。

垃圾桶決策模式認爲，具有上述三種特徵的組織，要達成組織決策必須使問題、解決方案、參與者和決策機會這四種完全獨立的因素，形成四股力量交織的垃圾桶。有關組織決策的所有資訊，和組織由於缺乏問題而形成的決策方案，都被傾倒進了垃圾桶中，組織決策的產生，就是上述四種獨立因素在完全隨機的狀態下隨機配對形成的。

科恩等人提出的垃圾桶決策模式，關注到政策過程中的一些模糊和不可預測的決策情況。在他們看來，做出決定是一個高度模糊和不可預測的過程，有什麼樣的決策結果產生，取決於垃圾桶擺放的位置，取決於目前會產生什麼樣的垃圾，也取決於可獲得的垃圾桶的混合，取決於垃圾被收集和移走的速度。[6]

---

6 Michael Howlett , M.Ramesh.Studying pubic:Policy Cycles and Policy Subsystems[M].Oxford University Press，1995.

上述西方四種管理決策模式，明顯都深深打上了西方文化的烙印，而研究基於《易經》中道思維的戰略決策模型，必須是建立在對《易經》決策模式深刻理解的基礎，因此很有必要對《易經》決策模式進行梳理。

5.1.2 《易經》中道思維決策模式

預測企業發展趨勢，制定正確的決策，極其困難且非常重要。企業的決策行爲是多種因素相互影響和作用的結果，有內因也有外因、有人爲的也有自然界外在因素變化的原因，在如今多變的經營環境中，管理者的決策關鍵是準確洞察外界環境的變化，並根據自己的專業知識和經營管理經驗，隨時做出具有彈性和應變能力的決策方案，以使企業獲得持續發展。傳統哲學的寶典《易經》正是適用於世間萬物此消彼長、動中有靜的辯證統一原理。經過縝密嚴格的推算，破譯事物發展變化的趨勢，化消極爲積極、轉不利爲有利。

《易經》中所強調的決策模式，是建立在預測的基礎上，它是占卦、預測、抉斷的經驗教訓的記錄和總結；其決策過程大致可以分爲卜卦、解卦、變卦、斷卦、應卦。

（1）卜卦

《易經》對卜卦進行了前提假定，即三不占與三不卜。前者包括不怪不占（沒有發生異常現象時，不能占卦）、動不占（沒有發生動盪時，不能占卦）和不事不占（沒有發生事情時，不能占卦）；後者則指疑不卜（懷疑卜卦的效果時，不能占卦）、戲不卜（把卜卦當作遊戲時，不能占卦）和無事不卜（沒有發生事情時，不能占卦）。其目的在於希望決策者在應用占卜之術時，能先確認占卜以助管理決策的必要性，以及在占卜的過程中能專心誠意。[7]

當決策者受限於知識儲備或資訊處理能力不足而無法決策時，可

---

7 邢彥玲.《易經》管理決策模式分析[J].齊魯學刊,2007.

通過占卜的方式獲得啓示。占卜的方式有多種，如龜殼、蓍草、錢幣等器物，這種解決問題的方式，被視爲受到來自自然界神秘力量的指引。決策者在進行卜卦後會得到卦象，要想進一步明瞭決策行爲，就需要進行解卦的步驟。

（2）解卦

《易經》中有八個基本卦象，分別是天地、山澤、雷風、水火，分成四對，兩兩對應。每個卦象的性質相對，可以相互化生。正所謂「天地定位而合德，山澤異體而通氣，雷風各動而相薄，水火不相入而相資」。決策者根據占卜時所得的卦象，並對照《易經》中相對的卦名、卦辭和爻辭的解釋，指導其準確客觀的看待決策行爲所面臨的內外部環境，識別決策行爲的吉凶禍福。

解卦的前提是識卦，認識卜筮的實質是感應，「感應」的目的是爲了借助「同氣相求」。感應關係是普遍存在，相互作用、相互聯繫的一種形式。宇宙間陰陽缺一不可，同性相斥，異性相吸，萬物都是相應相生。企業決策中的決策者、利益相關者、內外部環境這三體就應相互感應的關係，決策管理的過程就是強調激勵自身的潛力，發揮人的積極性、主動性、創造性，積極的感受決策時所面臨的內外部環境；同時要用影響力、凝聚力教化、感化、同化利益相關者，潛移默化達到感應的作用，充分調動大家的積極性，發揮協同作用，達到一種「天地感應則聚合，聚合而交通，交通而生萬物」的狀態，這樣就可以很好的保證後續決策目標的達成。[8]

（3）變卦

決策時所面臨的內外部環境會經常發生變化，因此就要及時的對決策行爲進行調整。《易經》認爲占筮、預測、選擇、決策的對象，是一個永恆運動、不斷變化的世界。因此，《易經》的卦象正是宇宙萬物不斷變化的象徵，而卦爻下所繫之辭，則是說明這種變化的。正

8 朱伯良.易學哲學史[M].北京:華夏出版社,1995.

所謂「窮則變，變則通，通則久」，決策者要根據環境的變化，對決策行爲進行即時動態的修正，體現決策的權變性。

（4）斷卦

經過上述幾個階段，決策方案就已經基本形成，決策者此時即可決定執行決策方案，即進入了斷卦階段。在斷卦階段，《易經》還強調了決策者素質，

要求決策者具有銳利的眼光和敏捷的思維，善於從客觀需要中把握發展趨勢，從現實可能中捕捉成功機遇，把決策的負效應減到最低限度；要求決策者具備「自強不息」、「厚德載物」等素質，這樣就可以達到「修己安人」的效果，才能使決策順利貫徹執行，取得預期的結果。

（5）應卦

決策者根據《易經》管理決策的啓示，結合自身經驗制定和執行決策方案，但現實決策方案的執行情況，可能會和預期決策目標存在差距，所以要對決策行爲進行驗證檢驗，這就是所謂的應卦階段。

應卦的依據就是《易經》管理決策模式的內在原則和「保合太和」的決策目標。《易經》對決策利益原則有著充分的認識，正如《繫辭下傳》曰：「《損》以遠害 ，《益》以興利。」《易經》的決策思維不僅要顧及合理性原則，還要考慮這種後果對社會上更廣群體的影響。

決策是貫穿管理過程始終的，應卦是對決策結果的驗證與回饋，根據企業決策行爲的實際結果是否符合相關利益者利益，是否達到良好的經濟和社會效應，即「保合太和」的最終目標，來對決策行爲進行驗證，通過評估和審查，可以把決策的具體實施情況回饋給決策者。如果出現了偏差，就要及時地糾正，保證決策能夠順利實施。

綜上所述，本文將《易經》的決策步驟歸納爲：①卜卦，即決策者確認問題並進行占卜；②解卦，即參照占卜所得的卦象、所對應的卦名、卦辭和爻辭內容，解讀其隱含意義；③變卦，即根據決策行爲所面臨的環境變化，即時動態的調整決策；④定卦，即決策者綜合各

方面資訊後執行決策；⑤應卦，即根據決策的目標來檢驗評估決策效果。

5.1.3 《易經》管理決策模式與西方管理決策模式的比較

前文對西方四種具有代表性的管理決策模式及《易經》管理決策行爲過程，分別進行了分析，在此基礎上，本節進行了進一步的比較研究，得出了東西方管理決策模式的異同。

決策目標：完全理性決策模式認爲「理性經濟人」在進行決策時，僅僅關注自身利益的實現，按最符合自身利益的目標選擇決策方案；漸進決策模式則是對現行政策進行修改，通過一連串細微的改變，逐漸實現預期的決策目標，注重決策結果的穩定性和社會效應；而《易經》管理決策模式強調經濟和社會效應，注重利益相關者之間的和諧，以達到「保合太和」的決策目標。

決策手段：《易經》管理決策模式注重決策者對卦象、爻辭的解讀，以此來預測吉凶，強調了自然中存在神秘力量的指引作用，在這一點上，垃圾桶管理決策模式與之較爲相似（都帶有一定的隨機性）；而西方的理性、有限理性、漸進管理決策模式，都強調決策行爲是決策者個人能力和客觀實際情況的結合，進而利用定量方法來進行決策的結果。

決策者作用：完全理性決策模式認爲決策者進行決策時，已經充分掌握了決策所需全部資訊及具備決策所需的全部知識，所以決策者完全憑自己的經驗來選擇決策方案，因此決策者在決策過程中所起的作用是至關重要的。《易經》管理決策模式認爲決策者主要通過占卜，依據卦爻辭的內容，認清形勢再結合自己的經驗來做出相應決策行爲，所以決策者所起的作用低於西方管理決策模式。

決策結果的權變程度：《易經》管理決策模式強調決策的權變性，雖然從卦爻辭中所得到的結果可能相同，但這並不意味者肯定會產生相同決策，決策者還要考慮決策時機，「君子見幾而作，不俟終日」。正所謂「適時則吉，失時則凶」。強調決策者要根據內外部環境變化，對決策行爲進行不斷的修正和調整；而西方管理決策模式的決策過程具有一定的彈性，最終展現的是一個並且唯一決策結果，沒有體現出權變性，其調整和修正的行爲體現在決策執行後，對決策結果進行驗證的回饋階段。因此，《易經》在管理決策結果的權變程度上，要高於西方的管理決策模式。

表5-1 《易經》管理決策模式與西方管理決策模式的比較

	《易經》管理決策模式	完全理性模式	有限理性模式	漸進模式	垃圾桶模式
決策目標	保合太和	最佳	滿意	滿意	隨機
決策思維	動態，有限理性	靜態，理性	靜態，有限理性	動態，理性	動態，非理性
決策方法	卜卦	決策模型	決策模型	逐步完善	隨機
決策者作用	重要	最重要	重要	重要	不重要
決策權變程度	過程・低 結果・高	過程・高 結果・低	過程・高 結果・低	過程・高 結果・低	過程・低 結果・低

資料來源：修改自邢彥玲《易經管理決策模式分析》

通過上述分析比較，可以看出中西方由於在地理環境、歷史文化、傳統思想等方面存在不同，因而在管理決策模式上存在著差異。中華文化注重協調人與人、人與物乃至人與自然之間的關係，因而受此文化特性的影響，決策目標強調達到「保合太和」的最高境界，認爲決策效果不僅跟決策者個人的素質有關，還受到決策者個人與自然的關係的影響。而西方民族管理哲學的一個重要基礎是將人視爲理性人，他們以自我利益爲動機，憑藉理性趨利避害，注重個人能力的發揮，尊重個人尊嚴和價值，承認個人的努力和成就。《易經》的管理決策模式在決策目標、決策手段、決策者作用、決策結果的權變程度上，都與西方的管理決策模式存在差異。現代管理者在掌握《易經》

決策模式的基礎上，再借鑒西方管理決策模式中的有益內容，將其運用到企業決策過程中，對企業的決策行爲必定大有裨益。

5.1.4 傳統戰略決策模式存在的問題

企業決策是企業經營中的重要環節，它伴隨著企業發展的每一步，並滲透到企業戰略發展的每一個階段。上述決策模型的基本模式，目前還是被認可的，然而研究已有的決策管理理論和決策技術，我們不難發現這些先進的決策理論和技術，對涉及經濟效率的經濟性決策意義重大，但對大量存在的涉及倫理和社會效益問題的非經濟性決策，就顯得愛莫能助。

傳統決策理論的主要缺陷，在於決策標準過於偏重經濟標準、技術標準，忽視或輕視倫理標準、社會標準以及人性因素。此外，目前的決策理論研究大都偏重於決策技術的研究，新的科學技術理論和工具（如數學、電腦科學、運籌學等）開始大量引入到研究中，而忽視社會需求、人的心理等非理性層次上的研究。具體表現在：

第一，決策時考慮的只是企業自身的利益，而對消費者、供應者、競爭者、政府、社區公眾，乃至整個社會等利益相關者的利益考慮甚少，同時決策方案的制定、執行和效果的評價，也很少考慮到企業內部員工的利益及其滿意度。傳統決策理論的注意力，都放在如何提高生產效率上，決策理論主要考慮如何爲企業自身利益服務。

第二，無論是「最優解」還是「滿意解」，衡量的基本標準都是經濟績效，而對社會績效考慮不夠，最優解的提出是基於「經濟人」假設的，認爲人是從純利己主義出發，以利潤最大化爲唯一目標，並且人具有絕對理性，決策也是沒有成本的。滿意解並沒有否定這個假設，只是修正了後兩條，認爲人是具有有限理性的、決策也是有資訊、時間成本的。兩者在以經濟利益爲主要目標上是一致的。決策理論沒有將社會績效納入決策準則，主要原因是企業沒有追求社會效益的動機。

第三，決策分析只包括經濟、技術、法律三方面的分析，而缺乏必要的非理性因素分析。傳統決策理論將大量的自然科學的成果，用於日常決策和重大戰略，在決策技術上取得了豐富的成果，但是，無論是人工計算還是電腦類比，分析的內容都是決策方案的經濟可行性、技術可行性，很少考慮到人的非理性對決策方案的影響，而實際上人才是企業決策和決策執行的主體。另外，傳統決策理論對決策的社會績效、社會倫理道德的分析也很少，這也反映了傳統決策理論對非技術性因素的不重視。

現代決策管理技術的進步和企業資訊化的發展，無疑爲企業戰略決策提供了極大的支撐，然而隨著經濟的發展和社會的進步，企業面臨的決策環境已越來越複雜，企業需要考慮的因素，已不僅僅在於經濟效率和企業利益。通過對傳統戰略決策不足的闡述，很明顯傳統的戰略決策理論必須進行完善和進一步創新，以更好地爲企業戰略決策實踐服務。

我國經濟經過三十餘年的高速發展，取得了舉世矚目的成績。在經濟發展的過程中，企業管理取得了豐碩成果，大多數企業管理水準提高，管理現代化步伐加快，企業經濟效益明顯改善，但管理方式粗放等問題依然存在。現實中很多企業雖然有企業發展戰略規劃，但多數是書面式戰略或遠景式戰略，沒有具體實施方案，或實施方案流於形式。有些企業的戰略不是建立在對企業外部環境、資源全面、科學分析與論證基礎之上，而是一味模仿成功企業的戰略管理經驗和做法，甚至照搬，最後把本企業最具特色的東西給丟掉了。

隨著全球經濟化的進程的加快，企業要在激烈的國際市場競爭，和複雜多變的外部環境中求得生存和長遠發展，就必須站在全域的高度去把握未來，通過強化自身的優勢，取得企業內部資源與外部環境的動態平衡。現在企業之間的競爭，在相當程度上表現爲企業戰略思維、戰略定位的競爭。企業戰略是企業對未來發展的一種整體謀劃，決定著企業的發展方向，對企業的長遠發展極其重要。現實中，很多企業經營者所面臨的企業決策難題在於：企業制定決策的理論、方法都是從過國外引進的，由於中西方在文化、行爲方式等方面存在巨大差異，所以這些理論在實踐應用中常常會失靈，這就需要我們進行本土化的管理理論創新實踐，特別是企業戰略決策是企業經營成敗的關鍵，它關係到企業生存和發展，企業的戰略決策管理活動，更多的是牽涉到管理者的價值觀、思維方式，因此將中國傳統文化的本源——《易經》中所蘊含的決策思想和西方的決策理論進行了結合，構建出基於《易經》中道思維的戰略決策模型，這一本土化的決策理論，在指導國內企業制定戰略決策行為上定會起到極大作用。

5.2 中道思維戰略決策模型構建

隨著中國經濟的高速增長以及和平崛起，世界各國對中國式管理智慧更加關注，越來越多的學者開始呼籲向中國傳統哲學尋找智慧。而《易經》被認為是中國文化的根，中國文化特有的思維模式、倫理觀念、價值系統等，都可以從《易經》中找到自己的源頭。通過對《易經》中的管理理念和思維進行研究，我們試圖將《易經》中道思維引入到戰略決策管理理論，以應對當前複雜環境對企業戰略決策提出的挑戰。

5.2.1 戰略決策過程

自從二十世紀六〇年代戰略管理研究開始受到關注以來，戰略管理的研究就逐漸分為戰略內容和戰略過程兩大分支，對這些領域的研究成果，早已見諸於Andrews（1971），Ansoff（1965）和Chandler（1962）等的著作中。與內容相關的戰略研究，主要是探討環境與企業的關係，著眼點放在組織上，例如我們現在熟知的競爭戰略、業務分析、進入或退出市場的障礙、多樣化戰略等。戰略過程流派把注意力集中在公司內部，並且與戰略相關的事實發生方面，強調戰略是如何形成的，比如：戰略計畫的影響，戰略決策的影響等。戰略過程研究在戰略領域裡已經變成越來越重要了。Eisenhardt，Zbaracki（1992）說明了戰略管理研究從內容導向轉變為過程導向的趨勢，

「掃描戰略管理研究在過去幾十年的改變，被Miles，Snow（1975）和後來的Porter（1985）研究工作所觸發的戰略管理內容的研究已經十分繁榮了，下一個幾十年可能就是戰略過程研究繁榮的時期了」。

Zeleny（1981）認爲，戰略決策過程是一個高度複雜、動態的過程。在這個過程中涉及的因素包括大量的偶然性，面臨資訊收集和篩選、資訊搜索成本、不確定性、模糊性和各種衝突。西蒙、明茨伯格等人在探索決策過程方面做了大量的研究，但他們對決策過程的理解存在許多不同的觀點，對戰略決策階段或決策階段的劃分，也沒有形成統一的標準，其劃分結果也呈現出多樣化。Ansoff、Hubert等的研究認爲，決策過程一般要分爲五個階段：定向階段、評價階段、控制階段、緊張局勢的管理階段和綜合平衡階段。Ebert和Mitchell（1975）、Simon（1960）認爲決策制訂過程可以概念化三個階段：情報活動，設計活動和選擇活動。Simon在《管理決策新科學》一書中，對整個決策過程是這樣描述的：決策制訂過程的第一階段是探查環境，尋求要求決策的條件，稱之爲「情報活動」；第二階段是創造、制定和分析可能採取的行動方案，稱之爲「設計活動」；第三階段是從可資利用的方案中選出一條特別行動方案，稱之爲「抉擇活動」。

Bental和Jackson（1989）將決策過程分爲問題描述和識別、探索解決問題的方法、決策發佈和實施三個階段。Harrison（1995）認爲決策可以劃分爲以下六階段，即：確定管理目標、尋找解決方案、比較評價方案、選擇最佳方案、實施方案和評價方案。張建林等（2006）在對西蒙和明茨伯格研究的基礎上，認爲在高速環境下制定戰略決策包括四個部分：問題定義、問題評價、確定方案和回饋與決策修正，將西蒙三階段過程中的設計活動和抉擇活動合二爲一。胡哲生（1987）認爲決策的過程可分爲選定問題、擬定備選方案、評估可行方案以及選擇最合適的方案四個步驟，理性決策是一個對應於決策過程四階段的四維概念，即決策理性包括選定問題理性、擬定備選方案理性、評估可行方案理性和選擇方案理性。而孫麗君、藍海林

（2007）的敘述，即問題識別理性、方案創建理性、分析評估理性、判斷抉擇理性和社會主義理性構成。

雖然眾多學者對決策程序都提出了各自不同的觀點，然而這些不同的觀點背後也有相似的地方。本文保留了傳統決策模型的決策流程，吸收其簡潔、易於決策主體理解和使用的優點，也肯定了原決策流程的科學性和合理性。因此，中道思維的戰略決策要做到準確、即時、有效，同樣必須遵循科學的決策程序。

第一階段：出現問題，分析歸納。

問題是一種客觀存在，是主觀與客觀相矛盾的表現。但問題只有在人們能夠把它明白清楚地表達出來時，才可以成爲決策問題。對客觀存在的問題能夠發現、理解和認識，並加以表達和梳理，取決於決策人員的素質高低、決策思維的內容及其遵循的決策原則。首先表現在對問題的認識上，同樣的問題，決策素質高的人會發現，決策素質低的可能不會發現。同樣，不同決策思維也會造成對問題的認識結果的不同。發現問題後，就必須對問題進行分析、歸納、研究，開發出問題的實質，把它變爲明確清晰的決策問題。提出決策問題以後，還需抓住問題的實質，遵循決策原則並制定決策目標。沒有明確的決策準則，就無法確立目標

第二階段：綜合研究，擬定方案。

首先，應當對決策目標的約束因素進行全面深入地分析，即通過對人力、物力、資金、技術水準等因素的評估，檢查目標是否現實、合理並可以達到。其次，應根據目標論證和評估有無擬定方案的必要性，確定方案數目（至少兩個）。如果這些方案可以實現目標，還要進一步論證它有無替代條件，技術上是否可行，經濟上是否合理，與企業是否相宜，與環境是否協調。再次，就是進行方案設計，對於簡單的決策，方案設計通過大腦想像就可以完成；對於複雜的決策，則要擬定書面文件。最後，要對方案中的各種關係進行分析和比較研究，在方案內部實現優化，使該方案在約束因素不變的情況下，能夠取得滿意結果。應該說明的是，對基於中道思維的戰略決策方案形

成，首先，保合太和是需要考慮的核心約束條件；其次，要以保合太和爲核心，在企業資訊、高層領導團隊和利益相關者之間進行集成優化，以制定符合中道思維要求的戰略決策方案。

第三階段：審校方案，擇優執行。

考慮中道思維後，決策者對方案的審校和擇優就有了新的內容。首先，決策者應檢驗各個方案是否符合科學決策的準則，有無客觀依據以及依據是否充分，剔除不合科學原理和客觀實際的方案。其次，對原來設計方案時的決策原則進行重新審定，爲擇優提供依據。再次，重新審定目標，確認目標的可能性、現實性和必要性是否正確，以抉擇方案。最後，對方案進行綜合評價，比較利弊，做出決策決定。如有必要，還要進行方案的試驗實證。但是，在考慮社會績效、人性因素後，決策目標和決策的原則都有了新的變化，方案擇優是相當複雜的，僅僅依靠現有的現代決策技術和決策理論是難以實現的，它還依賴於決策者的綜合素質，對客觀條件和組織條件的準確把握，有時還需要強調決策者的非理性因素。

第四階段：實施回饋，修正決策。

當決策指令作出後，就進入了實施階段。實施中應根據回饋，瞭解掌握各種新的問題，及時採取應變措施修正決策。如果新的問題超出了應變措施的範圍，則要進入新一輪決策，或者爲重新決策，或者爲追蹤決策。

5.2.2 模型構建原則

新的戰略決策模型是在傳統戰略決策模型的基礎上，對《易經》中道思維的創造性運用，因此模型的構建需要遵循一定的原則，以確保新的決策模型既能遵循科學的決策程序，又能運用《易經》中道思維的管理思想。要想實現上述目標，模型的構建主要需要遵循以下幾個原則

（1）**科學性原則**。包括兩方面含義：一是模型設計合理，符合戰略決策的科學程序；二是模型的路徑設計要有邏輯性，即《易經》

中道思維對戰略決策的影響方式要清晰明確。

（2）**可操作原則**。如果模型結構過於複雜，戰略決策過程難以理解，則會失去實用價值，若結構過於簡單，則有可能失去基本的指導意義。因此模型的設計應合理，簡潔而不失描繪對象的主要本質，詳細而不失運用的可行性。

（3）**層次性原則**。模型既要全面體現中道思維決策原則的運用，又體現各個部分對決策過程影響的層次性，即決策目標、決策團隊和決策程序對決策績效影響的層次性，需要在模型中得到全面體現。

5.2.3 戰略決策模型形成

無論是組織還是個人，決策中出現失誤是不可避免的。但是科學的決策程序則能有效的減少不必要的決策失誤。通過對《易經》中道思維的戰略決策原則研究總結，在對現有戰略決策模型和戰略決策過程分析比較的基礎上，我們對基於《易經》中道思維的戰略決策過程和模式進行提煉，提出了《易經》中道思維戰略決策模型，如圖5-1所示。

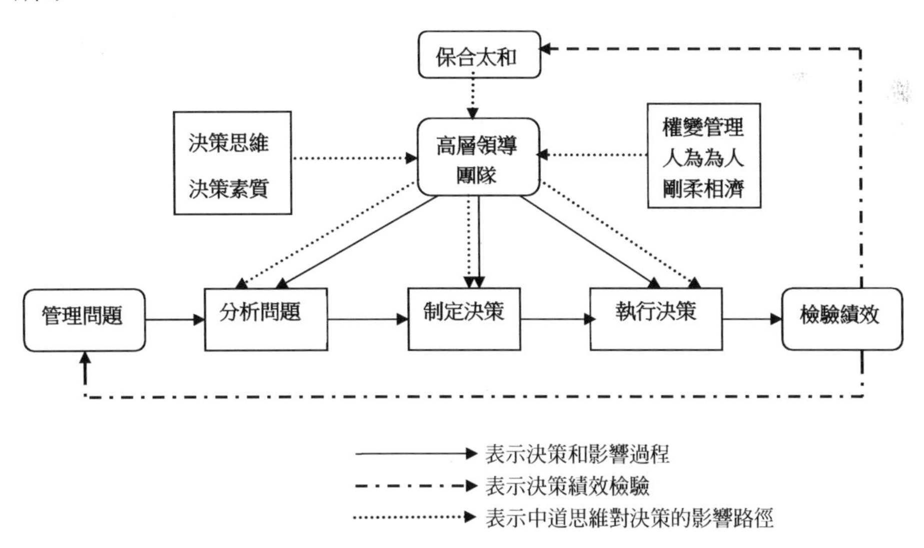

圖5-1 基於中道思維的戰略決策模型

決策過程是一個主觀反映客觀的動態認識過程，在這個過程中，每一階段都互相影響著，並時常產生回饋。因此，在上述戰略決策模型中，決策過程的每一步驟都是相互聯繫、交錯重疊的，在決策的時候，不能將決策的各個步驟工作截然分開，而且每一步都不可缺少。

5.2.4 戰略決策模型解析

中道思維戰略決策模型的決策過程，仍然採用傳統的科學決策程序，因此其決策過程與傳統的戰略決策模型沒有很大的區別。它的創新之處在於將《易經》中道思維的管理內涵做爲戰略決策原則，運用到了決策過程中的分析問題、制定決策和執行決策三個最關鍵的階段，並尤其重視由高素質人才組成的領導執行團隊的作用。歸根結底，中道思維戰略決策模型是從人性角度完善了傳統的科學決策程序，將人性因素加入到企業的戰略決策之中，因此其決策不單純是理性和知識性的，也是智慧性和整體性的。

5.2.4.1中道思維戰略決策的原則

該模型以中道思維的管理內涵做爲戰略決策的原則，並以保合太和做爲最高決策原則和最高管理目標，將《易經》中道思維的管理精髓，運用到企業的戰略決策管理之中。中道思維的戰略決策過程與傳統的科學決策過程最大的區別，在於分析問題、制定決策和執行決策時的不同，對問題的分析和解決是以中道思維的管理內涵爲決策原則。

(1)「保合太和」原則

「保合太和」是企業現代管理的終極目標，也是企業作出戰略決策時應當首先遵守的原則，具有統領全域的作用。因此，「保合太和」既是企業戰略決策的最高原則，也是企業戰略決策績效的檢驗標準，即戰略決策的結果實現了「保合太和」的管理目標，則決策成功，若未達到該目標，則決策失敗。

「保合太和」正體現了天地合一的精髓，體現了中國傳統的思維方式和價值理想，「太和」是一種和諧狀態，是企業管理者進行決策管理的最高目標。決策的過程涉及到組織目標、方案的制定與最終方案的選擇。決策過程的方方面面，都會涉及到各個相關者的利益。因此，高層領導決策的出發點至關重要。決策的動機或者決策出發點不對，只能使企業得到短期利益，但長期絕不會使企業受益。《易經》很強調天地、人、萬物是一個有機的整體，明示天地、人、萬物只有在高度和諧統一中，才能獲得最佳的存在狀態和發展方式。

不同行業、不同規模的企業，其管理目標是不同的，因此「保合太和」的內涵也是不一樣的，然而「保合太和」的基本精神和要求是一致的。《易經》主張天人合一，和諧發展；《易經》認爲人類與自然應和諧共處，而不應對立和鬥爭。人類應循自然規律，順天應求得自身發展，最終實現「天人合一」的最高和諧狀態。日本著名企業家松下幸之助曾說過：「合理的利潤，不僅是商人經營的目的，也是社會繁榮的基石，是爲了維持整個社會 的協調。」他對企業利潤的重新闡述，實際上反映的就是「保合太和」的思想。

（2）權變原則

企業戰略決策的制定，是基於一定的環境條件下的假設，在戰略決策的實施中，事情的發展與原先的假設有所偏離是不可避免的。由於國家政策等外部條件的變化，戰略決策實施可能會與企業原有的經營戰略有衝突，則企業應將原先的戰略進行重大的調整，這就是企業戰略決策行爲的權變問題。其關鍵在於如何掌握環境變化的程度，如果在對環境發生並不重要的變化時，就修改了原先的戰略，這樣易造成人心浮動，帶來消極的後果，但如果環境確實發生了很大變化而企業又沒有及時做出反應，仍堅持實施既定戰略，則企業終將失敗。權變觀念應貫穿於企業戰略決策行爲的全過程，它要求企業對內外環境的洞察力較強，對可能發生的變化及其後果，以及應變替代方案有足夠的瞭解和準備，以便企業有充分的應變能力。正如《易經》中所說的：「一闔一辟謂之變，往來不窮謂之通分，變通者識時者也」，又說「通其變，遂成天地之文」，「易窮則變，變則通，通則久，是以自天佑之，吉無不利」。依此，生命之流本身遭遇窮困，爲了生存，勢必求變，而變的結果則是各遂其生，各盡其利。權變原則還要求管理者應具有較強的應變能力，能夠敏銳判斷出主客觀環境的變化，同時，要敢於承擔風險，能夠根據這種判斷迅速調整管理策略，反之，若「智不足與權變」，最終是不能適應管理發展需要的。因此，佛羅里達大學教授霍傑茨（R.M.Hodgetts）宣稱：「這一個新的十年中，環境的變遷太迅速了；作爲一位現代經濟人，不得不緊緊追隨這重大的變遷。」

艮卦象辭講到「艮，止也。時止則止，時行則行；動靜不失其時，其道光明」。而《易經》中解釋卦象爲「行其庭，不見其人，无咎」。在競爭中，適時而動異常重要。《三十六計》第四計「以逸待勞」；「困敵之勢，不以戰；損剛益柔」。「損剛益柔」出自損卦。這裡以「剛」喻敵，以「柔」喻己，在競爭中，當對方實力較強時不宜逞強硬拼，而應等對方鬆懈時採取行動。《孫子・虛實篇》：「凡先處戰地而待敵者佚，後處戰地而趨戰者勞。故善戰者，致人而不致於人。」在市場競爭中，小企業要開拓市場，要適時而動，不要在某一實力很強企業的相似產品處於上升期時冒然進入，這樣會損失較大，而應以靜待動，認眞瞭解對方產品的優缺點，或者觀察對方產品推出後消費者的反應，找到不足之處，迅速改進自己的產品，選擇合適的時機進入市場，這樣才會達到企業的戰略目的。

（3）人為為人原則

人爲爲人是以人爲中心的管理思想。《易經》自始至終都在強調人的重要性。《易經》認爲天人合一的境界需要人的不斷提高，達到天人地三才的統一，同時《易經》強調尙賢養賢，「尙賢」即在輿論上要崇尙人才、尊重人才，在實踐上要提拔人才、重用人才。「養賢」即在物質生活上要優待人才、照顧人才。在《易經》看來，能「尙賢養賢」，則「吉無不利」；不能「尙賢養賢」，則「必凶無疑」。如果將《易經》的「尙賢養賢」思想運用到企業的戰略決策中，則要求企業將組織中的人放在首位，將管理工作的重點放在激發被管理者的積極性和創造性方面。在企業的戰略決策過程中，人爲爲人有兩個方面的表現：一是企業的戰略決策是由人來完成的，硬性的管理技術和方法，只是幫助決策主體進行決策的工具，因此應重視人在戰略決策中的作用，既要不斷提高人的決策素質，積極發揮人的決策作用，也要注意人的非理性因素等對決策結果產生的消極影響；二是企業戰略決策績效的衡量標準要以人爲中心，不僅要滿足企業的經濟利益，還要滿足企業內決策者、普通員工以及企業外的利益相關者的利益。決策結果成功與否，不能單靠經濟指標來衡量，也要關注與決策結果有關的人的滿意度。也就是說，企業的戰略決策是由人完成的，而決策的目標也要實現人的滿意。

（4）剛柔相濟原則

《繫辭上》說：「剛柔者，立本者也。」陰陽剛柔是八卦的基礎，也是《易經》的根本。在企業戰略決策中，剛是指與企業決策有關的硬性的約束條件，柔是指企業決策中可以變通改變的部分。在具體的企業管理中，不能走「剛」或「柔」的極端。企業的生產流程、品質標準和員工的績效考核指標等規章制度屬於「剛」的部分，其表現主要是決策方案有很強的任務指向，有嚴格的管理制度和獎懲機制，強調領導和紀律的權威性，而在「剛」的約束之下，需要適時、適地、適宜變通的部分也屬於「柔」。企業的戰略決策要注意運用剛柔相濟原則，以確保戰略決策能夠按時、按質完成。這就要求企業既要在決策制度、決策模式上進行標準化，又要適時適宜地對決策制度、決策方案進行修正完善。除此之外，企業高層領導在對決策執行團隊的管理上，也要注意剛柔相濟，也就是說，既要有硬性指標對其進行約束，又要注意領導方式和決策方式的柔性。

5.2.4.2中道思維戰略決策的核心

企業的戰略決策是以領導執行團隊爲中心進行管理的。中道思維在戰略決策管理中的運用，便是通過領導執行團隊的決策管理來體現的。模型中戰略決策方案的形成及方案的優劣，主要取決於高層領導團隊的戰略決策水準，而其核心作用可以用圖5-2 表示，圖5-2 也是戰略決策方案的形成過程。

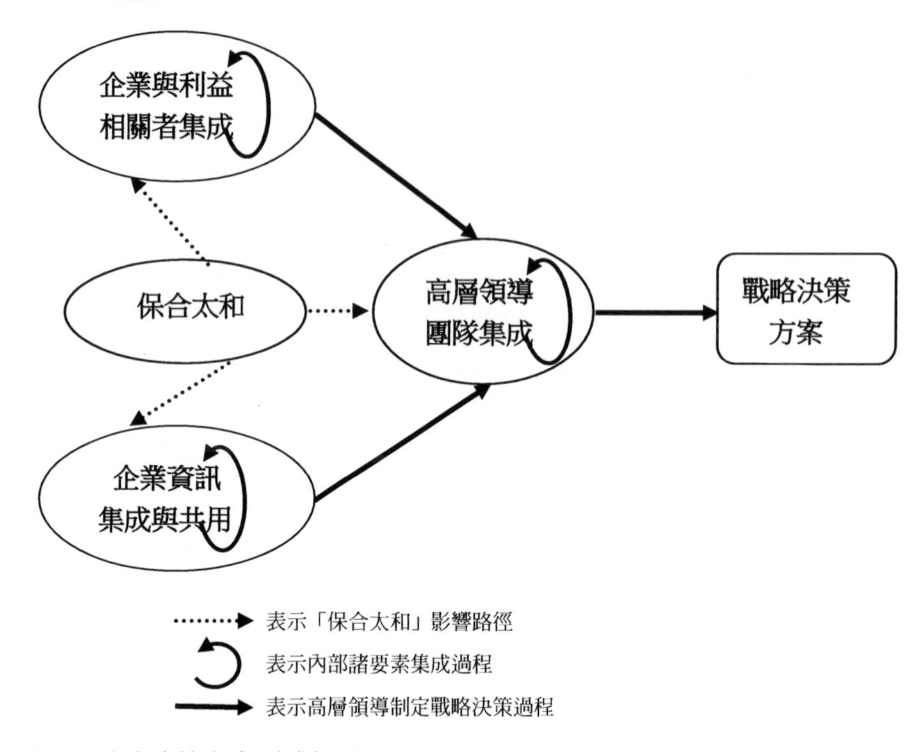

圖5-2 戰略決策方案形成模式圖

戰略決策方案的形成，主要取決於企業與利益相關者集成、高層領導團隊集成和資訊的集成三個方面，而在考慮到《易經》中道思維的影響後，本文將保合太和作爲三個集成的外部影響因素。而最終戰略決策方案的形成是以高層領導團隊爲核心，企業與利益相關者集成及企業資訊的集成最終是要集中到高層領導團隊，並最終由高層領導團隊制定出戰略決策方案。

5.2.4.3中道思維戰略決策的層次

中道思維的戰略決策模型主要有三個層次，這三個層次是以對戰略決策績效的影響程度，並結合《易經》基本思想進行劃分的，體現出《易經》三才之道的基本思想。第一個層次是模型的基本決策過程，即圖5-1中的最下一層。這個層次是中道思維戰略決策的基礎，象徵「地」。第二個層次是高層領導團隊，處於中間位置，是模型的核心和關鍵，對整個戰略決策過程起關鍵作用。高層領導團隊的決策是以第一層次的決策過程爲基礎，並受到更高層次的制約，象徵「人」。第三個層次是保合太和，是中道思維戰略決策的最高原則和最高決策目標，象徵「天」。根據《易經》三才之道思想，企業要實現戰略決策的最高目標「保合太和」，必須充分發揮「人」頂天立地的作用，通過人的不斷努力，來確保戰略決策過程的順利進行。「保合太和」是一個理想目標，它的實現需要人的不斷努力，一方面，決策者應努力提高自身的決策素質，另一方面應該遵循科學決策程序的基本規律。

5.3中道思維戰略決策模型的特點

決策是爲了達到預定的目標，從兩個或多個備選方案中選擇一個最有利的方案的過程。它是在客觀條件的基礎上，解決爲達到目標做與不做、怎樣去做的問題。一個完整的決策過程通常分爲四個主要的步驟：問題的定義、備擇方案的產生、最優方案的選擇和決策執行。中道思維戰略決策模型具有決策思維的全域性、決策過程的人道融合性、決策結果的和合性、決策執行的靈活性等特點。

5.3.1 戰略決策思維的全域性

任何企業都是處在一個宏觀的經濟環境之中的，企業戰略的制定不僅要考慮到企業自身因素，還要瞭解企業所處環境的變化，這其中包括了政治、經濟、社會、市場、行業等多種要素。這些外部要素的改變，同樣對企業的戰略制定產生影響。因此，制定企業戰略必須具有全面系統的觀念和整體性的思維方法。

中道思維戰略決策模型有助於企業決策思維的全域性。全域是指事物的整體及其發展全過程，局部則指組成事物整體的一個部分、一個方面及其發展的某個階段．全域由各個局部組成，局部隸屬於全域，「謀全域，謀長遠」是任何重大決策成功實施的關鍵。決策分爲戰略決策和戰術決策，戰略決策能左右整個事件的發展過程，對事件發展的整個過程起重大指導作用，對戰爭勝負、政治成敗、政治格局的形成乃至歷史的發展進程，都有全域性的指導作用和深遠的歷史影響。

戰略決策思維的全域性，體現在企業戰略的制定要立足於企業長遠的發展目標，滿足企業長期發展的需要。企業要注意研究經營環境演變的規律，探尋發展趨勢和未來的環境狀況。同時，企業戰略的實施也不是短期內就可以完成的，它需要對未來可能發生的情況，進行未雨綢繆的分析、預測。這也是企業領導層的觀察能力和預測能力的體現。

5.3.2 戰略決策過程的人道融合性

中國古代思想家強調「人爲政本」，所謂「水能載舟、亦能覆舟」。這與現代管理理念所宣導的「人本主義」概念在本質上是相同的。縱觀當代管理科學的發展史，我們發現「人本管理」的理念，幾乎貫穿了整個西方管理思想史，無論是泰羅、法約爾的科學管理，還是馬斯洛、麥格雷戈、威廉大內的行爲科學理論，再到孔茨所說的「管理叢林」中的各派學說，處處都留有人本管理的痕跡，其沿著歷史一路走來，一路逐漸得以重視，得以發展成熟。

中道思維一直以來都十分注重和諧共處、合作共贏，認爲萬物生而有道，都能夠與其生存的環境協調一致、共生共存。所謂「贈人玫瑰，手有餘香」，利人者必利己。中國這種傳統的和諧觀念，在西方管理理論的「競合」觀點中得以生動的體現。人和管理強調「萬事和爲貴」，作爲與人打交道的一門社會科學，管理科學更是如此。管理哲學認爲，管理的終極目標是求得人的發展和解放，而「和」則是實現這一終極目標之前的協調手段和過渡性目標。在具有競爭性、對抗性的管理活動中，「和」是克敵制勝的法寶；在組織與個人的發展過程中，「和」是調節調控的重要工具。悠悠古國，上下五千年的歷史，「和」的思想貫穿了中華民族的整個思想體系，偉大的治世理政團隊更是以「和」來執政安民：國內追求和睦安定，強調與自然和諧相處，走可持續發展的道路，確保人民安居樂業，子孫萬代幸福安康；國際舞臺上，堅持和平共處五項原則，提出「與鄰爲善、以鄰爲伴」，尊重他人主權，主張和平發展，共同進步；在與自然的關係上，強調「天人合一」、「道法自然」，走科學發展道路。從上面三個層面，我們可以看出「和」同樣可以適用於組織管理，它就蘊含著管理之中，是管理的本來要義。只有做到「和」，才能實現以人爲本的終極目標，才能體現管理的本質。東西方在管理思想和管理實踐上，就「以人爲本」和「人和」的理念早已達成了共識，都在向這個目標的實現在不斷努力。

中道思維決策過程強調以人爲本，主張實現人的價值，創造一個能夠人爲爲人的理想環境，在中國古代典籍裡這種觀點被表述爲「人道」。所謂人道，就是指儒家思想中的仁義之道（也可被稱爲人生哲學、道德學說，即主要探究關於人生存的意義、人的價值、人生活的基本準則等問題），其本質是「使人成爲人」，把人本身的發展、完善、自我實現作爲最高價值，主張處處從人出發，考慮到人的感受，關注人的認識、思想，滿足人的需求，並創造條件，使其實現自身價值，同時還認爲這與人類生存相關的客體、主體以及主體對客體的認知有關。總之，「人道」強調在管理活動中必須尊重個人的價值，要發揮人的積極性和主觀能動性。

5.3.3 戰略決策結果的和合性

中道思維強調從組織成員的士氣、上下同心同德的一致程度、組織與社會關係的協調程度以及組織對外界環境的適應性等方面，去考慮管理的具體效果。其實質是強調：內部團結一心，協調一致，外部適應環境，協調發展，核心是「以和爲貴」。當正確識別並適應環境後，會很容易發現「微隙」和「微利」，能夠更好的利用對手的疏漏，發揮自身長處。在市場經濟活動中，同樣如此，一個企業練好內功後，就能夠很快適應一個國家或地區的文化，就很容易發現市場的微利和對手的微隙，並把這些微隙和微利轉化爲公司的競爭力和經濟利益。

中道思維中的「天人合一」，更是把企業發展的概念提升到人文和諧、人與自然環境和諧發展的高度。孟子曰「天時不如地利，地利不如人和」，強調的即是「人和」第一思想。其實，西方管理興起的綠色環保組織和「本土化」、跨文化經營管理思想，均源於東方企業「和諧管理」理念。

「和合管理」包涵了三個與之相關的概念，「己身和合」，「群己和合」和「組織和合」。[9]人是具有獨立意識的生物個體，希望能夠不斷進行自我管理，實現自身價值。在組織管理活動中，授權給員工，讓員工進行自我管理，就是一個不斷「和合」的過程。而「己身和合」則是實現自我價值的一條重要路徑，亦即人們修身養性，提高自身修養素質，追求內心平衡和諧，不斷提高自身能力於素質，進而實現目標。馬斯洛指出人是群居性動物，具有社交的需要，每個人都希望在一個組織中找到依託，並處理好與組織其他成員的關係。在企業管理中，這種社交需求就可以表述爲在「己身和合」的基礎上，通過組織內部成員之間服務他人、合作共贏的意識來達成「群己和合」。「組織和合」是在「己身和合」與「群己和合」不斷的互動，實現心與身、人與人、人與群體的和諧統一，達到「組織和合」。哲學告訴我們，任何事物都是在不斷的上升與無窮往復中波浪式前進的，「和合」也不例外。「己身和合」與「群己和合」一方面遵循上述規律，不斷發展前進，另一方面兩者互動實現的「組織和合」，也是一個從相對「和合」向絕對「和合」不斷靠攏的過程。

9黃智豐.論和合文化與和合管理——東方管理「人爲」觀的探索[J].衡陽師範學院學報，2009，2.

從中道思維的視角來看，「人爲爲人」作爲管理活動的始點，體現了管理的本質，形成了基於「人爲」的自我管理和基於「爲人」的關係管理理論；「和合」作爲一種管理理念，貫徹於組織設計與運行的整個過程中，是實施以人爲本的方法和基本原則，是實踐「人爲爲人」管理本質的目標。基於「爲人」而達到「群己和合」的關係管理是一個互動的過程，與基於「人爲」而達到「己身和合」的自我管理，通過兩者的交融互動，實現「組織和合」，最終達到身與心、人與人、人與組織的和諧統一。

「和合」文化在中國源遠流長，基於此形成了以其爲指導理念、以「人爲爲人」爲始點的獨特管理模式——「和合管理」。在組織的管理過程中，要樹立「和合」的價值觀，打造獲得員工認同「和合」的企業文化，以和合系統整體觀對組織設計與運行進行通盤考慮，並基於組織內外部環境的分析，制定不同生命週期的和合主題，並有針對性地調試不同和合主題下的組織設計與運行，進而落實到員工個體的行爲層面時，使得員工能夠通過自我管理，形成組織中的有效關係管理，實現由「己身和合」、「群己和合」達成組織和合的管理模式。

要形成一個良性的組織和合境界，具體來講，有以下幾點需要特別注意。①**企業文化培訓**。企業文化作爲一個組織長期沉澱積累的產物，是組織內部所有員工共同價值觀的凝聚，它能夠在不自覺中薰陶培養員工的行爲習慣和道德素質。我們只有樹立「和合」的價值觀，培育「和合」的企業文化，才能形成和合的環境和氛圍，提高企業員工的修養素質和自我管理的能力，實現「己身和合」。②**要有針對性地制定和合發展主題，進行資源配置並實施有效的調控**。企業作爲一個「社會人」，也是在不斷生長變化的，我們針對企業不同發展時期內外部環境及其所面臨的問題（包括經營範圍、組織的生存、發展、盈利及其相互間關係、組織形象、組織的社會責任等等），來確定企業各個生命週期階段的和合發展主題；並在這個主題的引導下，重新調配整合企業的各項資源，設立組織目標，實現人、財、物的合理有效利用；設計並調整組織架構，確保與不同時期的和合主題相一致；在整個過程中，要追求特定的和合機制，發揮組織系統整體功，並對組織向和合化演進過程進行及時有效地調控。③**形成有效的溝通管道，實現不同階段的組織和合**。根據不同時期制定的特定和合目標，在與之相對應的組織架構下，秉持「為人」的「和合」理念，建立形成並維護有效的溝通管道，確保員工能有效發出其自己的聲音，表達自己的看法，進而形成「群己和合」的局面，最終達成特定階段的組織和合。和合管理作為一種有關組織整體系統性的管理模式，它強調要樹立和合的價值觀，培訓和合的企業文化，提高員工修養，設計配套的組織結構並確保溝通順暢，才能在整體和合的情況下，有效實現組織的既定目標。

總之，培育「和合」企業文化能夠為「為人」的良好組織環境創造條件，進而形成一種氛圍，有助於員工「己身和合」的自我修煉和提高；有針對性地制定和合發展主題，設計相應的配套組織架構，進行資源配置並實施有效的調控，能夠使得員工在「己身和合」的基礎上，彼此進行更加有效地溝通，完成組織自身的「自我修煉」，形成「群己和合」的局面；而「群己和合」局面的形成，又反過來對「和合」文化進行了強化，從而最終形成一個良性互動的組織和合境界。

5.3.4 戰略決策執行的靈活性

首先，企業的發展經營是一個不斷發展變化的動態過程。其次，企業的外部環境更是一個變化多端的動態世界。特別是在二十一世紀的今天，全球化浪潮呼嘯而來。快速變化已經成為當今世界的一個顯著特徵。這就要求我們必須具有靈活多變的戰略思維和經營觀念，根據客觀環境的變化，及時準確地對企業戰略進行調整。同時，能夠制定出創新性戰略。

正如生物化學中的洛特卡原理所述，競爭中技術革新和應用獲得最大成功可能性的社會，才是最適應的社會。據此我們可以說，最能有效地控制和轉變資源和能力的企業，才是對當今環境中適應性最強的企業。隨著社會的發展進步，環境要素對企業戰略行為起著越來越重要的影響，只有能夠針對環境變動不斷進行調整的企業組織，才能在這個越來越複雜的社會中獲得發展的空間。環境的複雜性、動態性、不確定性等特點，使得企業在這個風起雲湧的商海中，不斷變換著市場位置，並進而影響組織戰略，可以說沒有絕對適應環境的企業能夠生存下來。因而組織戰略的制定要充分考慮環境因素，使之能夠不斷適應環境，並能夠在戰略實施的過程中，及時進行評價、回饋、控制和調整，進行滾動式管理，只有這樣，才能確保企業戰略的適應性及戰略意圖的達成。

組織的高層決策者常常只注重如何做出高品質的決策，而忽視了決策的執行，使得戰略決策和執行之間缺乏有效的溝通與回饋，導致戰略實施與執行過程往往偏離了既定戰略。有學者考證認為，在實現決策目標的過程中，方案確定只占10%，而其餘的90%取決於有效的執行。這也就是說企業成功的關鍵，不僅僅在於做出了正確的決策，更關鍵的因素在於優秀決策的執行力度。成功的企業往往都能確保決策的有效執行，而那些失敗的企業，往往是栽倒在決策沒有得到有效執行上。執行不力不僅不能給企業，帶來預期效益，還會導致員工不滿，損害公司的執行能力和執行文化，對企業的長期發展形成不利影響。

決策過程一般都包含了理性分析和決策執行，也就是認知和行動兩個方面。傳統的決策模型強調決策中認知分析的作用，認為決策的成敗，取決於行動發生前的周密分析和詳實計畫，而決策執行不過是機械的、按部就班的行動過程，就好比是電腦按照編制的程式軟體（認知），去執行規定的任務（行動）。但是，許多重要決策都是在不確定條件下進行的非程式性決策，決策所基於的資訊和預測由於受決策者認知能力的限制，而很難滿足高品質決策的要求，因而決策階段單純的認知分析並不能保證決策效能，決策執行階段的回饋和調節、學習和創新，就成為保證決策效能的另一個重要方面。

企業面臨的往往是不確定的經營環境。在不確定的環境裡，戰略決策的複雜性也決定了它的執行過程的複雜性，並非一般的管理決策所能比擬的。中道思維決策賦予了決策執行的靈活性和柔性。執行不是簡單的戰術，而是一整套通過提出問題、分析問題、採取行動的方式來實現目標的系統流程。戰略的實施是將戰略轉化爲具體到行動，其中最爲重要的是清晰戰略方向，以及相關的變化環境對組織提出的要求與企業資源與能力的配置。

中道思維戰略決策要求企業戰略管理一體化，能使組織不斷地根據內外環境變化而改變所形成戰略的動態方法，保證迅速的實施以實現既定的目標。動態的戰略形成包括戰略選擇、競爭地位評價和戰略轉換過程的確定，中道思維戰略決策要求企業確定盡可能多的、彈性大的戰略選擇方案，而不是從一個可獲取和事先確定好的選擇權集合中選擇；要求企業關注以機會爲導向的戰略選擇方案的形成，而不是指向某一特定產業或領域，能夠從一種戰略方向轉換到另一種方向，具有重新確定實施過程的能力；要求企業具有測定已形成戰略選 擇方案的實施速度的能力，並能對組織狀態、企業文化及其競爭環境做出即時同步和經常性的評價。

中道思維戰略決策主張戰略隨環境變化動態調整，動態戰略形成的關鍵在於戰略的評價與控制，企業柔性戰略的評價與控制，是對整個企業柔性戰略實施的全過程進行評價與控制，因此，企業柔性戰略評價是一個動態過程，它不僅僅是事後的評價與控制，而應當是一種即時的評價與控制，從企業戰略規劃開始到實施結束，都要進行評價與控制。

5.4 中道思維戰略決策模型的應用法則

基於《易經》中道思維的戰略決策模型，是在對決策八大基本原則（守法，科學，系統，資訊，可行，效益，創新，民主）深入思考的基礎上，從哲學角度提出的一種新的決策模式，它對戰略決策的一般路徑和流程，進行了更加系統地研究，爲提高企業戰略決策的有效性，提供了一種新的參考模式。本部分在對上述戰略決策模型的具體實施流程進行詳細觀察、考證後，進行綜合思考與論證，提煉出了該模型的應用法則，以期能幫助各種不同的企業在複雜多變的環境中，更好的實現組織戰略目標。

5.4.1中道思維戰略決策模型的應用總則

（1）中道思維戰略決策模型設立的基本目標，是規範企業戰略決策行爲，強化決策責任，減少決策失誤，保證決策品質，有效的達成組織既定戰略目標。

（2）該模型適用於企業高層（TMT）進行的重大戰略決策。

（3）前條所指的重大戰略決策包括：組織目標的制訂，方針的確定，組織機構的調整，企業產品的更新換代，技術改造等。

（4）使用該模型進行戰略決策時，必須遵循決策的八大基本原則：依法決策的原則，科學決策的原則，系統原則，可行性原則，資訊原則，效益原則，創新原則，民主原則。

（5）該決策模型的實施前提，建立在中道思維已滲透入企業文化，成爲企業採取行爲的基本準則。

5.4.2中道思維戰略決策模型的具體應用法則

（1）重視企業文化建設的法則

基於《易經》中道思維的戰略決策模型，是建立在企業領導階層、員工對中國傳統哲學思想——尤其是在對《易經》中道思維的深刻理解的基礎上的。該模型得以順利實施的必要前提，就是中道思維在企業中已被員工深刻認同，以價值觀的形式，影響著員工的日常工作行爲。所以企業在文化建設的過程中，通過領導的率先示範、制度建設、開設文化大講堂等途徑，來建立和加強對《易經》中道思維的宣傳力度，不斷強化組織成員的認同，使之形成組織成員的強烈共識和行爲準則，使組織具有一種巨大的向心力和凝聚力，這樣才有利於組織成員採取共同行動，也爲組織戰略決策的成功實施提供了保障。

因而我們在整個戰略決策和戰略實施過程中，要對企業文化進行不斷的強化。

（2）企業領導重視與參與法則

在該模型的實施流程圖中，我們可以看到戰略決策行爲的實施，必須要有高層領導的推動和支援，企業高層的直接參與和領導是戰略決策順利進行的必要前提。戰略決策的整個過程，企業內部的方方面面，也需要對外進行溝通。如果企業高層領導不重視，企業各部門很難做到目標致，統一行動。當失去高層領導的重視和支持時，將直接導致戰略決策工作的擱淺或無效。高層領導重視體現在三個方面：第一，多層次人員參與。當企業的高、中、低層人員都能參與到戰略決策的過程中，並在其中各負其職時，才可以認爲高層領導對此的重視程度是有效地。第二，納入制度化管理。在對戰略決策流程分析時，可以看到制度的保障可以規範戰略決策工作，提高決策的品質。第三，相應的經費支持。經費是戰略決策活動順利開展的物質保障。戰略決策活動的複雜性需要經費予以支援，其中大量額經費是用於戰略決策的需求分析和研究中。

（3）關注資訊應用的法則

當今社會是一個資訊爆炸的社會，企業要想做出正確的決策，離不開對資訊的正確處理和分析，因此良好的執行資訊系統對企業戰略管理的作用非常重要。企業要想做出正確的決策，一方面需要持續獲得準確、及時、新鮮的資訊資料，另一方面必須正確整理和分析信用。企業只有在充分分析外部資訊的基礎上，才能進行詳盡的企業內部優勢與劣勢、外部機會和威脅分析，進而進行有效的戰略決策。

（4）過程動態實施的法則

模型的結構只是一個框架性的指導，其內容並不是一成不變的。企業在應用模型的過程中，應該以動態的眼光來看待戰略決策。模型的動態實施是企業內外部環境分析的結果，具有時效性的保證。動態實施包含三個層面的意思：第一，企業處於不同的發展時期，需要不同的戰略決策；第二，企業的內外環境變化，需要前瞻的戰略決策眼光；第三，利益相關者的價值觀整合，需要持續的戰略決策前的溝通行爲。

（5）及時溝通的法則

企業必須樹立強烈的溝通意識，在決策團體內部保證資訊的有效流通，使得整個決策流程的順利進行。然而在實際工作中，決策成員由於經歷、視野、思維方式不同，面對同一個問題時，思考問題的方式、方法往往會不一樣。同時，由於我們彼此之間的不瞭解，就會由單純的認知衝突發展到情感衝突，帶著懷疑和抵觸的心理，進而影響戰略決策的績效。我們意識到，單靠行政權力是不能解決溝通問題的，要想眞正得到決策團體人員的信任，還是要靠自己良好的職業道德、專業能力和身體力行。爲此，我們需要做大量的培訓、溝通工作，使得團隊成員能夠進行順暢的溝通。

（6）決策績效有效驗證的法則

對戰略決策行爲進行有效性驗證是保證模型應用效果的關鍵。戰略決策行爲由於分析主題多樣、分析客體複雜，加之方法的運用的不同，戰略決策的結果難免會產生各種偏差。因此，在模型的應用過程中，需要反復對收集的資料進行驗證，檢驗資料來源是否可靠、分析方法是否科學。對戰略決策結果進行有效性驗證，有利於提高戰略決策的準確性和科學性。

（7）創新性的法則

知識經濟時代，創新已日益成爲企業發展的核心因素。上述決策模式僅僅是提供了一個框架，對現實中的戰略決策，我們應該在遵循既有經驗的前提下，發揮整個決策團隊的主觀能動性，以使決策更加符合企業實際狀況。

（8）制度化的法則

在上述決策模式的實際操作過程中，會遇到各種各樣的問題。在長期的運作中，企業應該有選擇性的將所遇到的問題及優秀的解決方案記錄下來，以爲下次的戰略決策提供借鑒。同時，企業應該將一些好的解決措施，以制度的形式固定下來，以使企業的戰略決策規範化和制度化。

第六章　案例研究

本章以第五章中道思維的戰略決策模型爲指導，進行實例研究，深入探討中道思維在企業戰略決策中的可行性和重要性。任何企業在成長、發展過程中，都會做出長遠規劃、宏觀佈局、技術與產品創新等戰略決策，企業在做出這些戰略決策時，都在無形的運用了中道思維。

案例研究部分，選取了康師傅控股有限公司和統一集團兩個有典型意義的臺灣企業進行研究，對《易經》中道思維在其戰略決策中的運用，進行了分析和總結，最終對中道思維在企業實踐中的應用進行了很好的佐證。

6.1案例一：康師傅控股有限公司

6.1.1公司簡介

康師傅控股有限公司（下稱「康師傅」），總部設於中華人民共和國（中國）天津市，主要在中國從事生產和銷售速食麵、飲品、糕餅以及經營相關配套產業。康師傅於1996年2月在香港聯合交易所有限公司上市。2008年12月31日，康師傅市值爲64.3億美元。現時康師傅已被納入英國富時指數中亞太區（除日本外）的成份股及摩根士丹利資本國際（MSCI）香港成份股指數。

康師傅的前身是天津頂新國際食品有限公司。1958年創立於臺灣彰化的鼎新油廠，1988年10月開始投資大陸，1991年9月成立天津頂新國際食品有限公司，該公司1992年研發生產出第一包速食麵，之後市場迅速成長，1995年起陸續擴大業務至糕餅及飲品，截止2008年，公司總投資已達到27.93億美金，先後在中國四十餘個城市設立了生產基地，員工人數49089人，總營業額42.7億美元。康師傅透過自有遍佈全國的銷售網路分銷旗下產品，截至2009年12月底，康師傅集團擁有493個營業所及79個倉庫以服務5,798 家經銷商及72,955家直營零售商。在主業快速發展的同時，康師傅亦專注於食品流通事業，持續強化物流與銷售系統，以期整合資源，力圖打造全球最大的中式方便食品及飲品集團。

6.1.2公司發展歷程

研究一個企業的戰略決策，需要對其發展歷程有一個清楚的認識，因爲每一個企業的發展歷程，都伴隨著企業的重大戰略決策，可以說企業發展歷程中的成或敗，歸根結底還取決於企業戰略決策的正確與否。康師傅控股公司的發展歷程如表6-1所示。

自1992年生產第一包速食麵，經過近二十年的發展，康師傅的三大品項產品，皆已在中國食品市場佔據領導地位，據AC Nielsen2009年第三季的調查報告顯示：康師傅速食麵的銷售額市場佔有率高達54.2%，穩居中國第一；即飲茶也已成爲國內茶飲料第一品牌，銷售量市場佔有率達到48.7%，稀釋果汁也達到了14.2%，是市場前三大品牌，包裝水以24.1%的銷售量市占率，躍居全國第一品牌；康師傅夾心餅乾在中國的銷售額市場佔有率爲24.6%，穩居中國市場第二位。福布斯雜誌舉辦亞洲最優五十大企業頒獎，康師傅成爲中國唯一連續兩年入選的食品企業。

表6-1 康師傅控股公司發展歷程

1958年	在臺灣彰化縣創立鼎新油廠（油脂煉製）
1989年	取得第一個合資企業北京頂好營業執照
1990年	濟南頂利油脂食品有限公司（「康菜蛋酥捲」）
1991年	成立：天津頂益國際食品有限公司（速食麵）； 秦皇島頂吉油脂中轉有限公司；北京頂志油脂有限公司（產蓖麻油）
1992年	康師傅速食麵正式上市；成立天津育新塑膠包裝有限公司（產PSP碗）
1993年	成立：天津頂信紙業有限公司（產紙箱）； 天津頂盛塑膠製品有限公司（產塑膠叉）
1994年	成立：廣州定義國際食品有限公司；杭州康蓮國際食品有限公司； 杭州頂益國際食品有限公司；天津頂正印刷材料有限公司
1995年	成立：重慶頂益國際食品有限公司；天津頂園國際食品有限公司（進入糕餅業）；廣州頂園食品有限公司；瀋陽頂益食品有限公司；武漢頂益食品有限公司；興化頂芳脫水食品有限公司；天津頂好油脂有限公司；天津頂津食品有限公司（進入飲品業）；杭州頂園食品有限公司；杭州頂津食品有限公司
1996年	成立：西安頂益食品有限公司；公司CIS委員會； 康師傅控股有限公司股票在香港上市（成為上市公公司）
1997年	成立：廣州頂津食品有限公司；福州頂益國際食品有限公司； 青島頂益國際食品有限公司
1998年	與臺灣第二大食品企業味全公司策略聯盟
1999年	與日本三洋食品株式會社進行策略聯盟
2002年	成立：新疆頂益食品有限公司；青島頂津食品有限公司； 昆明頂益食品有限公司；福建頂津食品有限公司
2006年	西安、杭州、武漢、廣州、天津、哈爾濱、昆明、瀋陽等地區公司分別通過檢測認證並獲得相關榮譽稱號；天津福滿多事業部一碗香新品上市；天津頂益食品有限公司醬香傳奇上市；廣州頂益食品有限公司地方口味新口味瑤柱堡龍骨上市；康師傅飲品有限公司無菌線正式投產；；參加捐贈活動等
2007年	廣州頂益食品有限公司魔鬼拉麵、原中雞湯、鼓汁排骨新品上市； 天津頂益食品有限公司亞洲精選魔鬼拉麵、好滋味骨湯麵上市； 西安頂津食品有限公司新品酸梅湯上市；德克士「夏日冰趣」新品、火雞排上市；康師傅私房牛肉麵上海首家餐廳正式開業；頂嘉第一條720福香脆線在哈廠投產；有樂和食冬循環小菜「辛味脆藕」、「太極雙拼木耳」全國上市；德克士「楓糖玉米派」全國上市；參加捐贈、捐款、獻愛心活動；獲各種稱號等

2008年	康師傅私房牛肉麵館新品「秘製溏心黃金蛋」上市；德克士新品「酷樂檸檬茶」上市； 康師傅蛋黃也素素小圓餅乾、康師傅香濃奶油曲奇上市； 頂新集團便利、餐飲連鎖事業——餐飲群上海總部正式啟動； 冰綠茶2008新包裝上市；廣州頂益品質管理部品質工程師培訓正式啟動； 參加汶川捐獻及其它公益活動；通過品質、技術檢測並榮獲各種榮譽稱號。

6.1.3戰略決策原則剖析

在做戰略決策時，企業及其決策者必須具有預測性、整體性、時中性、人性與創新性等相關的能力。決策時如果忽略其中的某一點，就會給企業帶來致命的打擊。康師傅之所以在中國響徹大地，廣爲消費者認同，是與其中道思維分不開的。而其前身鼎新油廠在進入速食麵業之前，在中國大陸的發展遭受了巨大挫折，其主要原因在於對戰略決策的時中性沒有把握好。之後公司調整戰略，成立頂益國際食品有限公司，根據大陸具體實際情況，把握時機，最終在速食麵、茶飲、果汁等領域贏得市場的領導地位。因此，本文就頂新控股公司在進軍大陸時的戰略決策失誤與戰略調整，及其對公司發展的影響來進行對比研究，充分挖掘《易經》中道思維在康師傅戰略決策中的應用。

6.1.3.1經權管理

企業管理要依內外情勢的變化而持變易之道。然而，變易又是天道的不易，變易也是人道的不易。在企業管理中，執經便是抓住企業中不易的內容，而不易的是戰略、目標和制度；達權是對變化的內容的掌握，主要包括戰術和手段。企業及戰略決策者應掌握經權之道，執經達權，方能有所變有所不變，通過戰術調節，達到戰略目標。

（1）思變

1979年大陸實行改革開放後，經濟建設如火如荼。1987年底，臺灣當局宣佈開放大陸探親，此時原本計畫去歐洲投資的頂新油廠的魏氏兄弟改變行程，牢牢把握這次探親的機會，決定到市場廣大、勞動力低廉、資源豐富的大陸尋求商機。

1988年，魏氏兄弟開始在大陸投資。1989年，魏應行在全家人的支持下，帶著1.5億元台幣來到大陸。魏應行在對大陸市場食用油的調查研究發現，市場上銷售的都是散裝油，品質不高，更談不上食用油的品牌。綜合對比之後，魏應行想借家族生產食用油的經驗和技術，通過大力生產品質好的食用油，在大陸闖出一片天地。於是在1998年4月份，魏應行在大陸成功獲取第一個合資企業北京頂好的營業執照，1990年7月，第一支高品質的「頂好清香油」上市。產品的高品質是由高成本作支撐的，最終導致銷售產品的高價格，所以當時「頂好清香油」的售價是2元／斤，幾乎是同期人們所消費食用油的2.5倍。所以，產品的品質雖好，但是價格遠超出人們的購買能力。在濟南和北京相繼生產出來的「康萊蛋捲」和蓖麻油，也犯了同樣的錯誤。因此，在進入大陸的三年時間裡，魏應行先後在北京、濟南、秦皇島、通遼地先後開辦了四家合資企業，但是發展卻步履蹣跚，賠掉了初到大陸時所帶資金的大半。

思變的魏氏兄弟做出戰略決策，選擇在大陸發展，雖然把握住了大陸改革開放的時機，選擇了對於自己有優勢的產品進行生產，但是並沒有對大陸的廣大消費者的消費能力做出確實的調查研究。沒有做好因地制宜、因時制宜、因人制宜，沒有眞正把握好時中性，魏氏兄弟的大陸初期投資幾乎以落敗而告終。

（2）知變

魏應行在一次外出辦事，因爲不習慣火車上的盒飯，便帶了從臺灣捎來的速食麵，香味四溢。沒想到這些在臺灣非常普遍的速食麵，引起了同車旅客極大的興趣，周圍的乘客紛紛過來向他諮詢，於是他把隨身帶的速食麵送給周圍的乘客吃。大家都覺得好吃，攜帶方便，便問他這種速食麵在哪裡能買到及價格情況。魏應行突然發現這裡可能蘊藏著另一個商機，於是對當時的速食麵行業進行了調查、研究，最後發現大陸市場存在兩種極端：一極是低端市場，速食麵一泡就軟，其包裝、口感、品質很差，價格均不足一元；另一極是高端市場，品質上乘、口感好，價格在五至十元區間內。而在這兩個極端市場中間，還存在一個巨大的產品空間。因此，頂新決定將原來在天津開發區註冊的頂益食品公司進行生產速食麵事業，放棄之前生產餅乾的計畫。

只有保持危機感，做到持經達權，在深刻把握當時市場環境變化不大的情況下，根據對市場的需求、消費者的消費能力實際調研，企業才能做出正確的決策。這次的戰略調整挽救了魏氏兄弟的大陸初戰失敗的局面，也是康師傅能在中國紮穩腳跟，實現飛速發展的關鍵轉捩點。

（3）應變

在做出戰略調整後，魏應行帶領頂新人，全身心的投入速食麵行業。在品牌的選擇上，他們細緻推敲大陸人的社會消費心理，幾經篩選最終選定「康師傅」爲品牌。因爲在當時「頂新」在臺灣沒有名氣，「頂益」在大陸遭遇兩次失敗，所以產品命名避開「頂新」、「頂益」。而在內地的北方老百姓喜歡稱呼比自己水準高的人叫「師傅」；在南方，一般稱年紀大的人爲師傅，是一種「尊稱」。師傅既通俗又專業，還受人尊敬。每個師傅都有姓，那姓什麼呢？最後他們選用了健康的「康」字，因爲「頂益」的速食麵不含防腐劑和人工色素。「康」意指爲消費者提供健康營養的食品，加上「師傅」在華人心中代表親切、責任感和專業成就的印象，以此塑造「講究健康美味的健康食品專家」品牌形象，突出企業的責任心。產品檔次和名字都確定了，接下來就是產品的口味了。康師傅經過上萬次的口味測試和調查發現：大陸人口味偏重，而且比較偏愛牛肉，於是決定把「紅燒牛肉麵」作爲主打產品。同時考慮到當時大陸消費者的消費能力，最後把售價定在1.98元人民幣。1992年8月，康師傅第一代速食麵上市。與此同時，康師傅的廣告宣傳也全面鋪開，當時國內企業還沒有很強的廣告意識，康師傅的年廣告支出就高達三千萬元。當時大陸的電視廣告費用相當便宜，在中央電視臺黃金時段插播廣告只需五百元人民幣。爲了將一句「好味道是吃出來的」的廣告詞鋪滿大江南北，康師傅在上個世紀九〇年代中後期，每年廣告投入從不低於一億元。由於品質比一般的速食麵好，價格又比進口的速食麵低，廣告兇猛，產品很快在市場上一炮打響，「康師傅」的名字不脛而走，銷售量直線上升。從此康師傅的速食麵伴隨著「香噴噴，好吃看得見」承諾飛進了千家萬戶，康師傅成爲消費者心目中的方便美食的代名詞。

通權達變的康師傅因地制宜、因時制宜、因人制宜在品牌、產品、廣告的創新，使得康師傅很快贏得了市場的歡迎和大眾的認可。「康師傅」一詞得到大眾的信賴，這爲後來康師傅進入茶飲、糕餅事業並能廣受青睞打下了堅實的基礎。

（4）適變

與其它行業相對比而言，食品業屬於同質化很強的行業，只有不斷的生產滿足消費者口味變化的產品，才能不斷地贏得市場地位。因爲任何食品已進入顧客的嘴裡，結果立即便分曉，好吃再繼續買，不好吃隨手扔掉、再不購買。同時食品業又屬於低門檻行業，所以潛在的競爭者很容易進入。鑒於此，康師傅「用心」爲消費者提供口味好、品質高的產品，其基本做法是：董事長直接監管產品的品質，並把品嚐速食麵作爲他的「必修早課」；在新產品推向市場之前，要將自己的產品與競爭對手的產品分成兩組，目標消費者在毫無知情的情況下，試吃評比兩組產品，只有當消費者認同自己產品的比例高於70%時，產品才能上市，這已成爲康師傅的潛在規定。康師傅把握市場的需求，適時的相繼進入茶飲、糕餅等事業。1994年，康師傅決定開發非碳酸飲品，1995年4月生產TP250系列：檸檬茶、杭菊茶、大麥紅茶、冬瓜露、酸梅湯；巧克力豆奶、草莓豆奶、雞蛋豆奶；CAN340檸檬茶等十幾個品種的飲料。1996年，增添了康師傅品牌的八寶粥和純淨水。根據市場需求，1997年又開發了TP375超霸包冰紅茶、冰綠茶；CAN265優活白桃、鳳梨、蘋果果粒果汁；TP250蘋果、葡萄果汁。目前康師傅已涉及速食麵事業、茶飲事業、糕餅事業、德克士、餐飲連鎖。有了好的產品還不夠，還需要通暢的銷售管道。康師傅根據自己的實力和實際需要，精心打造出了龐大的行銷網路，截至2009年12月底，康師傅集團擁有493個營業所及79個倉庫以服務5,798 家經銷商及72,955家直營零售商。只要有新產品問世，半個月內就可以投放到全國各地市場。無論是在大城市的大商場還是偏僻鄉鎮的小店，人們都能看到康師傅的身影，暢通的銷售管道和完備的行銷體系，使得康師傅在大陸紮實了腳跟並贏得了市場地位。

穩健發展的康師傅，時刻把握市場的脈搏，用心調研，精耕細作不斷為顧客提供高質、適位、稱心、滿意的產品。康師傅的適變觀，使得康師傅的產品品種不斷增多、經營範圍不斷擴大，集團的實力不斷增強。

6.1.3.2人本管理

企業的成敗興衰往往在於人智慧的比拼，創造一流產品靠人才，保持可持續發展也要靠人才。康師傅自成立之初，就重視人才的培養，其經營理念明確的指出「成就一流企業，培養一流人才」。

在選人方面：立足接班，放眼長遠。康師傅的人力資源一位高層管理人員曾這樣描述過，「康師傅目前人力資源最大的挑戰是基層工作人員的培養和選拔問題，這就好比百米接力賽跑一樣，不能到了第四棒時才發現沒人接了，因此當前的最重要的問題是對基層工作人員的儲備」。而解決這個問題的最主要途徑或方法，是招聘有潛力的四年制應屆本科以上畢業的大學生，經錄用後，按康師傅自己的管理模式從零開始培養。在選人時要側重於「廉潔、勤奮、能力」三方面，這三方面充分體現了康師傅的核心價值觀——誠信、務實、創新的思想，如果沒有誠實守信的品質就無法做到廉潔，工作不踏實勤奮就不會務實，素質能力達不到要求，很難在產品和管理方面做到創新。康師傅最為重視員工的人品，無論是專業能力有多強，一經發現人品有問題，直接拒絕。在面試方面，非常尊重面試者，對已確定不被錄用的面試者，一定在五個工作日之內電話告知結果，並表示感謝。在人才選拔方面，康師傅嚴格遵循「內舉不避親，外舉不避人」的原則，實現隊伍互補搭配。

在育人方面：關注人性，深入人心。康師傅公司對員工的培訓、提升非常重視，科長、處長、經理等職位的工作人員，基本上都是從公司內部提拔上來的。康師傅對教育培訓費的支持力度很大，在幾年前就已經達到了每年數億元人民幣，而隨著公司規模的不斷擴大，這一投資程度不斷在成長。康師傅在人才培訓上實施的是三階段式培訓，即新人訓、中階訓和高階訓。新人訓是一人三師，隔階培養，即新錄用的每一位員工都會有三個老師培訓，分別是教練、督導、老師。教練在某一專業領域比較資深，在職位上與新學員的差別不是很大，他主要是在新學員的旁邊傾心教育；督導與新員工是隔級的，監督教練的工作是督導的主要工作，同時也負責安排新工作人員在某一模組的實習計畫；老師與新員工又多了幾個格級，一般是由協理級以上的職員擔任，主要負責監督督導的工作，並安排新人整個實習期的實習計畫。中階訓是使品格教育走入人的心靈的階段，即對中階管理層進行晉階培訓，培訓的課程分爲三大體系 —— 專業、溝通及品格。專業課程不必多言，溝通方面的培訓主要引入卡內基的課程，還有中國的傳統文化與品格教育。課程跟公司的企業文化密不可分，內容更多地強調企業的社會責任、個人家庭責任等。高階訓是回到管理的起點，即讓那些身經百戰、經驗資深、閱歷豐富的高階主管回到管理的起點，比如如何做績效面談，如何做教練和老師等。這也蘊含著另一層含義，即提醒高層管理人員不能整天高高在上，要深入基層，讓大家切身感受到領導的關懷和給予的精神力量。

在用人方面：關愛家庭，重視過程。康師傅內部沒有臺灣人與大陸人的分別，在大陸發展堅持本土化戰略，康師傅中的台幹只有一百五十人左右，而且並非都是公司的高層管理人員，其對工作人員及家庭的關愛，對工作過程中的績效管理的控制，都著實體現了公司的務實、誠信的核心價值觀。康師傅傳承著中國傳統儒家文化中的「小孝治家，中孝治企，大孝治國」理念，因此，孝道是康師傅在人才晉升方面所關注的重要一點。晉升先做家訪的目的，一方面是感謝員工家庭對公司的支持，另一方面是讓員工與家庭和公司融爲一體，讓公司更能理解員工的家庭。績效管理是康師傅用人方面中最強調的一點，康師傅對員工的績效考核一年做兩次，主要是基於KPI和DPI兩個指標，指標的打分只是手段，而最終的目的是強化公司日常程序控制。

在留人方面：做好領導者，營造歸屬感。康師傅的中層以上的管理人員的流失率很低，其原因一方面是較好的事業發展空間和薪酬福利待遇，更爲重要的方面是領導們平時對他們的關心。用人與留人是密不可分的，只有日常中把人用好了，才華有用武之地，人才才會留下來。同時，領導者還要做到發自內心的尊重、關心、愛護下屬，在日常管理的方式可以嚴厲，但是在處事用心上要仁慈，要讓工作人員有畏懼的同時還會產生尊敬。歸屬感也是留人的關鍵因素，康師傅在這方面投入了很多心血，營造文化氛圍給職員以歸屬感。爲此，康師傅爲鼓舞新員工，特意設定了統一的「入職日」。自2009年始，入職日被統一定在每年的7月1日。在入職日，康師傅會舉辦非正規的入職儀式，讓他們深深地 感受康師傅的歸屬感。康師傅也非常重視與公司員工之間的相互溝通，例如，每年的年底會認眞做員工滿意度調查，聆聽他們的意見；開設了「康師傅網路論壇」，爲員工們增添了一個抒發思想情感的方式；當生產處於淡季時，公司會邀請員工的家屬來公司參觀並參加組織的文體活動等。

康師傅在選人、育人、用人、留人方面都非常重視人才，充分體現公司的核心文化價值觀，同時也體現了中道思維的人本管理觀，充分貫徹了保合太和的重視人才的思想

6.1.3.3剛柔相濟

《繫辭下》有「剛柔者，立本者也」。從企業管理的角度來看，企業組織系統的構成元素，從大的方面可以分爲陽剛與陰柔兩個方面。陽剛發揮創始、主動和領導作用，陰柔發揮完成、實現和配合的作用。企業強調管理上的「剛柔相推生變化」，就是指陰與陽、柔與剛的統一與和諧，而不是對立和鬥爭。生產者與消費者存在著一種對

立統一的關係，只有使得這一陰一陽相協調，剛柔相推而生變化，才能達到「保合太和」的最佳狀態，才能使得企業與消費者和諧共存發展下去。康師傅生產高品質、物超所值的產品，最終的目的是爲顧客提供最好的服務。

從生產第一包速食麵起，康師傅就把產品的高品質作爲自己的追求。要追求高品質，就要有高起點。爲了進料精確，康師傅引進了德國AZO給料系統，爲了使麵條達到「波拉奔德標準」（口感勁道程度），康師傅花六十萬元進口了一步檢測儀。在速食麵生產線上，公司成品麵部都要通過嚴格檢測，分量不夠或是有異物的一經檢出，即被氣流吹到旁邊的次品項內。爲了不讓任何一個次品流入市場，影響康師傅的信譽，這些次品被粉碎並加工成飼料，包裝材料則送到焚化爐中焚化。

產品品質的保證一方面靠先進的設備，另一方面靠嚴格的管理。在產品品質管制方面，康師傅採用了TQC系統，使得從原材料的採購到產品生產與銷售的每一個環節，都受到嚴格的控制。例如，牛肉的生產提供商必須把牛肉洗淨、包裝之後，用冷藏車運送以確保牛肉的新鮮。康師傅採用自己制定的脫水蔬菜標準，該標準比國家的規定還要嚴格。康師傅對其麵粉提供商，也實施了自己的評估、選擇、認證體系，首先，組織品質保證小組對生產商的工藝和環境進行評估；其次，評估合格後，由生產商提供樣品，康師傅對其樣品做理化和微生物指標檢測，經過小批量生產檢測合格後，才能進貨；最後，康師傅的品質保證小組仍然對供應商的產品，有一到三個月的觀測期，一經發現產品不合格，立即取消進貨。通過這種方式，麵粉供應商最後優減爲七家。

1995年，康師傅率先將ISO9002品質認證體系引進速食麵生產。「物超所值」是康師傅對消費者一個不變的承諾。爲做到這一點，公司決定以合作經營方式，引進臺灣專業製造商來大陸投資建廠。自1993年始，公司先後建成了紙箱廠、包膜廠等配套服務廠，保證了產品品質的穩定，同時降低了成本，爲康師傅的進一步發展奠定了基礎。與此同時，爲了避免長途運輸造成的地區差價，從1994年起，康師傅相繼在廣州、杭州等城市設立生產基地，並根據各地的口味差異，開發了不同口味的產品。爲了讓消費者吃到方便、衛生的麵條，康師傅還在碗內加放了塑膠叉，方便了消費者。自1995年起，康師傅進駐糕餅、茶飲事業等，都秉承著高質、價廉的宗旨，爲顧客提供實惠的產品。這也是AC Nielsen2009年12月的零售市場研究報告，顯示康師傅的產品能取得市場主導地位的主要原因。

康師傅把握好產品的品質關，爲顧客提供優質、低廉、快捷的服務，才能持續贏得顧客的青睞，才能受到顧客的肯定。只有處理好企業與顧客間的陰陽對立統一的關係，企業才能做大、做強、持久。

6.1.3.4保合太和

康師傅的創業、成長、發展歷程中，努力做好產品、服務客戶、善待員工、貢獻社會，無不滲透著《易經》中道思維的「保合太和」原則。只有遵守「保合太和」的原則，才能使企業做強，更能使企業做長。下面從企業文化和貢獻社會兩方面進行闡述。

（1）企業文化

康師傅的核心價值觀是：誠信、務實、創新。它是引領康師傅迅速崛起，持續成功的致勝法寶。

誠信是爲人的根本，也是企業常青的基石。一個企業要想得到持續永久的經營，必須具備誠信的品質。而且只有管理者具備了誠信的品質後，企業才能做到誠信。真誠守信，不是短時間內形成的，也不是經過幾次事件後形成的，而是在長時間的、多次經歷後形成的同時被客戶廣爲認同的品質。只要客戶對公司的產品具有誠信的心理，就會對產品有信賴感，即對產品產生忠誠度。進而爲自己的產品爭取到了客戶群，同時具有忠誠度的顧客又是一種廣告宣傳體，爲公司產品做到宣傳，提升美譽度和知名度。康師傅的企業文化是在產品上料好實在，價格公道，做人做事上的認認眞眞、規規矩矩，對待消費者與關係者的坦誠相見，守信守約。

務實是康師傅穩步成長的關鍵。務實要求企業要執經達變，尊重事物的客觀發展規律，適其時，得其宜。務實就要使得企業在成長、發展過程中，根據所處的環境的變化不斷調整自己的戰略計畫。正如中國的一句古話「坐而言不如起而行」，這是對康師傅務實風格的最恰當的描述。所以康師傅的務實關鍵體現在執行力上。康師傅的企業管理是「選育用留」和「PDCA」，而公司的管理層對D（即執行）尤其重視。面對市場需求變化，消費者的合理要求，公司必須立即制定方案、執行，以最快的速度滿足變化與要求。康師傅是屬於「變形蟲組織」結構，它靠對市場的敏感度和超強的執行力，使得規模龐大的康師傅讓自己的架構、制度、流程等，永遠隨著社會和消費者需求的變動而隨時調整。

創新是企業發展的不竭動力和源泉。回顧康師傅在中國大陸的發展歷史，康師傅速食麵的出現與發展，改寫了速食麵業的發展史，是它讓速食麵跳出以前的只爲解決饑餓的尷尬境地，是它根據地區的差異性，不斷開發出適宜各自地區不同口味的產品。第一個在速食麵的碗裡放入叉子的廠商是康師傅，眞正的爲消費者提供了隨時隨地的方便；第一個打破速食麵口味單一局面的廠商是康師傅，率先在速食麵中加入雙包調料；第一個將SO9002品質認證體系引入速食麵業的也是康師傅，它仍是第一個建立並成功推廣自己一整套CIS系統即企業形象識別系統。《易經・繫辭上》說：「富有之謂大業，日新之謂盛德，生生之謂易。」「日新」，就是《大學》所說的日日新，事物不斷變易創新。「生生」，事物不斷更新創生，永不停滯。也就是說，要與時俱進、不斷創新，使人能夠知變、應變、適變。康師傅的創新精神，使得康師傅確實把握市場、消費者的需求變化，推陳出新，爲企業的發展不斷提供動力和源泉。

（2）貢獻社會

康師傅不僅向消費者奉獻優質安全的美味食品，向投資人貢獻投資價值，更著力社會公益，善盡企業的社會責任。熱心公益的企業形象，成爲康師傅及其母公司頂新控股有限公司建立伊始不斷追求的自我完善目標。康師傅從1993年到1995年先後向殘疾人基金會、特困戶、災區、43屆世乒賽等捐款達370多萬元，1996年，出資一千萬元開展育苗行動，為貧困地區建立十二所小學。在2008年，康師傅捐資三千六百萬人民幣重建兩所災區小學。2009年，康師傅與日本早稻田大學，共同投入人民幣1.8億元，資助中國學生去世界名校深造，成為中國企業對海外留學投入的最大金額贊助。十幾年來，秉持「回饋社會、永續經營」的精神，康師傅在大陸的公益投入累計逾2.8億元人民幣，公益善行涉及體育、基礎教育、醫療、助殘、賑災、扶貧、兩岸文化交流等公益事業的各個方面。康師傅承擔的社會責任，體現了中道思維的保合太和的最高宗旨，人、企業都生活在社會中，無論是在成長還是在發展過程中，不但索取，更重要的是在於回報。只有回報社會、回報大眾，才能樹立企業的社會形象，才能贏得社會的認可，最終才能使得企業永續發展。康師傅承擔企業的社會責任 不僅表現在捐贈方面，還體現在生產過程的低污染、低浪費、節約資源等方面。只有做到人、社會、自然達到和諧統一的局面，才真正達到了「保合太和」的宗旨。

6.1.4康師傅的決策思維和決策者素質

前面通過對康師傅戰略決策原則的剖析，我們很容易發現康師傅與眾不同的決策思維以及企業決策者的素質。

1988年，魏氏兄弟放棄歐洲到大陸投資，就體現了當時他們的預測性及決策的果斷性。儘管一開始在大陸投資時遭受挫折，但是經過戰略的重新調整，康師傅因地制宜、因時制宜、因人制宜，充分把握時中性、抓住時機、量力而行，最終在大陸的速食麵領域開闢了新的天地。一再獲勝的康師傅並沒有安於現狀，時刻保持創新精神，面對市場需求變化而進入飲品、糕餅領域，不斷為客戶提供不同種類、不同口味的新產品，以滿足客戶的差異化需求。在對人才的「選、育、用、留」方面，充分體現人性管理，領導層關心下屬，關愛家庭，為員工提供教育培訓的機會，營造良好的大家庭氛圍，讓員工有歸屬感。康師傅以誠信為做人之本，是企業長青的基石，也是真正做到了真誠守信地對待顧客、相關利益者，在業內贏得了良好的口碑。康師傅以保合太和為宗旨，兼顧個人、企業、社會、環境的和諧、持續發展，不斷實現自己的目標，這也恰恰體現其中道決策中的整體性思維。

縱觀康師傅控股有限公司及其母公司頂新控股有限公司在大陸的發展史，無論是其在初始時的投資、建廠，受挫後調整發展戰略、重新選擇產品名稱、研發新品種、拓寬服務領域等方面，還是在企業文化、人才培養、服務顧客、貢獻社會等方面，都無形中體現了具有中道思維和決策素質的領導團隊，在分析問題、制定決策、執行決策時，以經權管理觀、人本管理觀、陰陽統一觀為指導，並以保合太和為宗旨來判斷決策績效，康師傅最終成為中國大陸最大的速食麵食品及飲品集團。康師傅並未安於現狀，中道思維管理的領導團隊為康師傅制定了新的宏偉目標，即「成為世界最大的中式速食麵及飲品集團」。我們期待歷史的見證。

6.1.5康師傅中道管理的啟示

康師傅的母公司頂新控股有限公司開始在大陸投資時的戰略決策失誤，到戰略調整的過程中，充分體現了《易經》中道思維的戰略決策觀。這無論是對到大陸發展的企業或大陸本土企業的發展還是本土企業國際化的發展，都具有重要的借鑒意義。

首先，企業要長久發展，就應做到執經達權、通權達變。

企業管理的經權之道，就是以「不易」的「經」作為判斷的準繩，以「變易」的「權」來達成最優的決策，並以最簡要明確的原則「易簡」，讓人們易知易行，變成共同的管理行動，從而實現管理目標。

康師傅能在大陸取得如此的輝煌成績，最根本的原因就是它做到了執經達權和通權達變。頂新控股公司開始在大陸投資食用油，當時的確對市場做了充分的調查，滿足消費者需求，產品的品質雖然很好，但是沒有充分做到把握時中性，定價過高，超出消費者的消費水準，之後推出的「康萊蛋捲」和蓖麻油，也因同樣原因而遭失敗。但是思變的領導者把握住了一次火車出行的時機，汲取失敗經驗，全力投入速食麵事業，從此便開始了康師傅食品大國的進攻戰略。

1997年，亞洲金融危機爆發後，中國大陸的經濟形式出現突然轉型，即由有短缺經濟變爲過剩經濟。康師傅面對環境的變化，果斷的進行了行銷策略的調整，放棄省級的「大戶」，將市場重心轉移到城市，以城市作爲行銷的起點，並將受控經銷商設到縣。當時的決定也是冒著極大的風險，因爲市級城市的行銷網路還沒有充分建立，而放棄省級大戶，銜接一旦出現問題，企業可能就會出現危機，甚至癱瘓。然而歷史證明，1997年之後，市場重心下移到城市、放棄省級大戶是主要的行銷方向。2000年開始，康師傅在原來下放市場重心的基礎上，繼續下放到縣級，圍繞著銷售終端的客戶實施管道精耕。在2000-2003年間，康師傅在管道精耕上共投入四千萬美元。到2009年底，康師傅在中國大陸分東南西北中七大片區，已擁有493個營業所，5798家經銷商、72955家直營零售商，79個倉庫。康師傅在速食麵產品結構上已經形成了高端、中端、低端產品通吃的格局，其品牌已經延伸到糕餅、飲品等領域。康師傅在整個的發展過程中，都做到把握市場與客戶的消費需求變化，然後做出適時、適度的調整，不斷增強自己產品在市場中的份額。

因此，企業的發展一定要把握好時機，適時變化，即適其時、得其宜。管理者要根據所面臨的內外環境的不斷變化，把握恰當的時機，調整戰略決策，有效的達到企業發展的戰略目標。同時還要根據不斷變化的情勢來調整管理的方式，做到「窮則變，變則通，通則久」。即使面臨危機，只要企業思變、應變、適變，能夠認識並把握住事物的客觀發展規律，從實際出發，企業就能發展下去，並能永續經營下去。

其次，企業的發展要以「保合太和」爲宗旨。

在《易經》中，「和」與「中」緊密相聯，「中」才能得「和」，不「中」則不「和」，「中」是實現「和」的必要條件。所謂「中」，就是不偏不倚、就是天地、陰陽及宇宙萬物各得其位，各稟其職分，皆素其位而行，無過無不及，在動態的協作運行中達到自然的和諧。「太和」是一種和諧，是系統組織者進行決策管理的最高目標。人、企業、社會與自然不應對立抗爭，而應和諧，循自然規律求發展，要順天應時、永久的和諧發展。

康師傅在發展過程中，始終把企業與客戶的陰陽對立統一、人本管理、貢獻社會放在重要的位置，同時把自己的企業文化融入到這三方面裡去，才能做強、做大、做久，最終達到保合太和的宗旨。「做人誠信，做事務實，企業創新」的康師傅，爲顧客提供高質、價廉的產品，而得到消費者的信賴；在選、育、用、留人方面，做到放眼長遠、關愛人性、關愛家庭、營造歸屬感；在回報社會方面，積極參加公益活動，捐款、捐贈，不斷使企業融入到社會的大家庭中去，樹立良好的社會形象。只有顧客得到高質優惠的服務，企業得到相應的利潤，社會對企業有良好的印象，企業才能長久生存。康師傅眞正體現了「天人合一」，人、企業、社會、自然和諧共處，共同發展的保合太和的宗旨。

因此，企業在發展過程中，眼光不能僅局限在自己的利潤群裡，要放開眼界，同時考慮消費者、相關利益者，只有消費者和相關利益者得到了眞正的實惠、滿意，才會承認企業的產品，才會繼續購買、繼續支持。同時企業是社會的一員，還要承擔相應的社會責任，只有盡到了社會責任，才會得到社會的認可，才會更能被廣大的消費者接受。只有企業、顧客及其它相關利益者得到各自合理的利益空間，企業才能持久經營下去，才能達到保合太和的宗旨。

6.2案例二：統一企業集團

6.2.1集團簡介

1967年8月25日，統一企業集團（下簡稱統一集團）於台南永康成立，主要經營麵粉、飼料事業，原始股東四十四人幾乎都爲台南人，員工八十二人。隨著時代潮流的演進，統一集團及時掌握消費者的變化，持續不斷的擴大經營範圍與經營領域。自創業以來，統一集團秉持著創始人吳修齊先生所宣導的「三好一公道」的經營理念，堅持以多角經營、宏觀視角、重視人才等方針，經過四十多年的努力，經營項目已發展到涵蓋食糧、食品、飲料、連鎖便利商店、物流配送、速食、營建、電子、金融、藥品、休閒等與民生消費息息相關的商品與服務，成爲一個多元化經營的綜合性產業集團。

自中國大陸實施改革開放政策後，統一集團試探性的向大陸投資，並於1992年正式向大陸進軍，隨後根據市場的實際需求，調整戰略，最終受到大陸消費者的青睞。之後不斷擴張，沿海從深圳、上海到東北的哈爾濱是縱向；沿長江經武漢，到重慶、成都是橫向；以上海爲交叉點，完成了第一階段的T字形攻堅隊形，並已陸續在二、三級城市設廠，進入到第二階段的佈局。同時，統一集團以大陸爲其國際化的跳板，全力拓展公司核心，且將全球競爭優勢的產品向海外市場推進，逐步將產業範疇延伸到國際舞臺。現已在東南亞地區如泰國、越南、印尼、菲律賓等國家建立分廠進行投產、銷售，同時對其他地區如印度、澳洲、東非及整個環印度洋地區進行考察，待時機成熟適時的進行入駐。

目前，統一集團是臺灣地區最大的食品集團公司，而面對加入WTO世界貿易組織的競爭壓力及全球化、國際化的趨勢，統一正致力於其二十一世紀的戰略目標：成爲全球最大的食品公司之一。

縱觀其成長歷程，我們清晰地瞭解到，統一集團的經營範疇已經橫跨食糧群、乳飲群、速食群、綜合食品群、保健群和流通群，並先後經歷了：

創業時期（1967-1973），臺灣在這段時期逐步進入工業化，採用無缺點、高效率的的方式擴大生產規模，以應對不斷增長的消費者需求。統一集團掌握市場動脈，把握住市場創業先機；

茁壯時期（1974-1982），統一採取「高附加值」的發展策略。臺灣地區在這段時期內經濟發展迅速，人民購買力大幅提高，統一集團把握機會繼續擴大產能全面開發產品，滿足大眾消費的需求，同時大量引進國外的先進設備和技術，朝向高品質的策略運作；

集團化時期（1983-1989），統一採取三個策略，分別從內而外實施「合縱」、「連橫」和「多角化」策略。這段時期臺灣穩定成長，進入商業化與社會多元化時代。統一企業全面投入，採用多角化經營以滿足社會需求，展開集團化的經營模式；

國際化時期（1990-1998），集團經營版圖向海外市場擴張。臺灣居民在這段時期的收入已經突破GNP一萬美元，競爭者水準的提高和臺灣本地市場的飽和，使統一企業意識到只有採納國際化發展戰略，才能突破成長障礙，於是開始進軍亞太市場，在中國大陸地區、印尼、泰國等展開大幅投資計畫

全球網路化時期（1999-至今），積極備戰，迎接全球化文化、經濟的衝擊。臺灣地區進入了網路經濟時代，統一集團通過網路化經營整合資源，建構集團價值鏈，推動慈集團與虛擬群公司運作，同時以深耕品牌模式，建構具有市場導向的營運模式，創造高附加值以滿足消費者的需求。

6.2.2案例選擇的理由

隨著中國改革開放的深入和成功，在中國大陸地區發展的外商越來越多，中國大陸的優秀本土企業，也隨著市場的逐漸開放異軍突起，創造著中國獨具特色的本土品牌。但是在眾多在華企業中，統一集團做爲一個源於臺灣、紮根中國大陸的企業，逐漸的把握時機，不斷完善其佈局，正致力於成爲全球最大的食品公司之一而努力。之

所以選擇統一集團做爲案例研究的對象，主要出於以下幾個方面的考慮。

（1）其發展歷程與中國文化息息相關

統一集團源自臺灣，臺灣與大陸本屬於同一個歷史文化，都同樣受到《易經》思想的影響，即存在文化歷史根源的統一性。統一集團自成立以來，用長遠的戰略性眼光，在臺灣擴張的同時，與國際知名企業合作，並在泰國設廠生產，同時利用大陸改革開放的契機，1991進駐大陸後，先後在北京、新疆、欒山、廣州、天津、張家港、瀋陽年等地相繼設廠生產產品，而各地所生產的產品，都是根據所在地的優越自然資源所展開的，充分體現了中道思維的經權原理的「因地制宜、因時制宜、因人制宜」的原則。隨著大陸經濟的發展，人民生活水準的提升，統一集團不斷地由沿海城市向內陸擴張，目前集團產品已遍佈華東、華南、華中、華北、東北、西南、西北地方，並廣爲消費者認可。統一集團已經邁向國際化，從其發展戰略及國際化的勢頭可以看出，以中道思維爲出發點的管理理念，爲統一集團的可持續發展提供理論基礎。

（2）集團的價值觀與中道思維相吻合

統一集團的經營理念是「三好一公道」，立業精神是「誠實苦幹、創新求是」。所謂的「三好一公道」即指：品質好、信用好、服務好、價錢公道，這「三好一公道」正體現中道思維的保合太和目標，在自己做到眞誠守信的條件下，爲消費者提供品質可靠、價格合理的產品，只有這樣，才能爲企業贏得聲譽，才能長久生存下去。誠實苦幹體現了集團內員工的工作精神，無論是在一線的員工還是處於高層的管理者，只有踏踏實實的做自己的本職工作，不做投機倒把的事情，才能確保工作保質的完成，才能更加贏得消費者信賴。創新體現了統一人的居安思危、不斷進取的精神，只有隨時依市場需求變化而不斷提供新的產品，才是企業立於不敗之地，求是要求工作人員保持誠實的品格，眞誠待人，認眞工作，才能保證信用。

（3）集團的發展歷程對研究中道思維有極大的借鑒意義

統一集團在臺灣發展起家，把握時機，入駐大陸市場，經過近二十年的發展取得驕人的成績，同時藉以大陸為跳板，不斷實施其國際化的步伐。統一集團在經歷了1998年與2008年的金融危機，仍能保持其市場地位，所以其發展歷程中所體現出來的《易經》中道思維的智慧，對已經或將來要在中國文化背景中想取得一席之地的企業來說，具有重要的借鑑意義。

6.2.3 統一集團的經營管理特色

隨著中國大陸地區改革開放程度的加深，兩岸公司交流日益頻繁，臺灣經濟發展因環境因素也被迫加入轉型行列，許多傳統企業因土地、勞工、成本等因素而外移，而快速發展和崛起的東南亞和中國大陸地區，是臺灣企業外移的主要選擇對象，以達到資源最優配置的目的。統一集團作為臺灣本土企業，經過近二十年的不斷努力，堅守行穩致遠的戰略原則，成為在中國大陸地區發展適應相當成功的企業代表之一。

如案例初始所指出，從臺灣南部開始發起的統一公司，從創立初期到發展相對成熟，共經歷了五個過程，即創業期（1967-1973）、茁壯期（1974-1982）、管道整合期（1983-1989）、國際化時期（1990-1998）和全球網路化時期（1999-至今）。在五個發展時期，統一公司發展的PEST（即政治、經濟、社會文化以及科技環境）都有較大不同。自1992年統一公司正式進軍中國大陸市場以來，其面臨的各項環境有了更為顯著的變化，而需要公司進行整體改變和適應的因素也隨之增多。但在本土化戰略向國際化戰略跨越的過程中，統一企業成功地調整自己的發展戰略，在面臨頂新國際集團的先佔優勢與競價策略的前提下，仍然在九年內保持了不斷的成長擴張。

Ansoff於1998年提出產品與市場狀況為構面，將企業策略分成專注現有市場或尋求新市場等從策略。根據Ansoff的產品與市場矩陣理論，統一集團在大陸的佈局及經營策略如表6-2所總結。

表6-2 統一集團的市場策略矩陣[1]

	現有產品	新產品
現有市場	市場滲透策略 市場佔有率、產品使用率、產品實用次數等來進行市場滲透，如速食麵。	產品開發策略 借由增加產品特性與改良、發展或開發新一代產品，如便當。
新市場	市場發展策略 採用地理性擴張，或以新的市場區隔為目標的策略做法，如新市場的全球策略。	多角化策略 新產品新市場的多角化，可以針對本業具有相關性或不具有相關性的產業進行投資，如投資光泉牧場。

研究統一集團的經營管理，我們容易發現其發展過程中，每一階段的戰略決策都體現了中華文化精髓——《易經》中道思維。從其經營策略的改變，到適應中國大陸不同於臺灣的中華文化，再到其把握時代脈絡的魄力，統一集團的崛起與發展歷程，驗證了《易經》中道思維，並使其能夠在保持穩定發展的同時，不斷的調整策略適應變幻莫測的市場環境變化，最終達到「保合太和」的至高境界。

6.2.3.1 經權管理

「經」是企業管理的制度、規章、原則，「權」是企業管理中隨機應變的管理技巧。「經」要求企業的管理應具有原則性，管理活動應堅持基本原則、基本制度，「權」體現管理的靈活性，從實際出發，堅持因時、因地、因事的應變。

（1）企業創業故事所體現的經權思想

統一公司的董事長高清愿先生，起初並未有創業的打算。身爲原台南紡織廠擔任部門主管工作十二年的他，1967年在紡織廠的董事會上，受到某董事有貪汙瀆職之嫌的指責，引發企業內部爭論，於是高先生決定辭職另謀發展機遇。而就在同一年，臺灣政府解除大宗物資進口的禁令，允許民間私人開設麵粉廠，於是和原公司的

---

[1] 蔡宜芳.統一企業在大陸的佈局與經營策略的研究[D].臺灣實踐大學, 2006.

高層同事吳修齊、侯永都一起，共同創立了統一企業。1967年7月1日，統一企業正式成立於臺灣的台南市，創立初期，統一企業與日本日清製粉合作，當時的日本日清製粉是日本最大的麵粉廠，最大、最好、實力最強，在日本佔據了約30%的市場份額，以期利用日清公司的雄厚實力，爲公司的市場進入降低門檻和障礙。統一公司的選擇是完美的，因爲臺灣在經歷了相當長時間的日據時代後，日本文化和飲食習慣在臺灣的影響相當深刻，臺灣很多當地副食企業的生產和發展，都模仿日本企業而獲得成功。統一作爲剛剛起步的麵粉廠，與日本最大麵粉廠的合作本身，是經過對臺灣本地市場理解深透的基礎上做出的。

第一個十年，統一企業已經超過味全成爲臺灣最大的食品公司。第二個十年，統一公司遇到了第一個瓶頸：公司由供不應求變爲供大於求。因爲臺灣的市場有限，居民的生活水準也已經由貧窮提升爲小康水準，爲了改變公司的發展窘境，統一公司對銷售管道陸續進行了改革，於此同時，爲了改善公司運送的物流效率，公司出了專門配送統一超商（即由統一企業及統一產品經銷商共同組成的「統一超級商店股份有限公司」）的結盟銷售公司外，成立了旗下物流中心，統一進行資源調配，從而提高物流效率，加強庫存的流動性和物品運輸的靈活性。

現今，經過四十多年的發展，統一企業已經成爲臺灣最大的上市食品公司，與全臺灣兩千三百多萬居民的日常生活息息相關，在大陸的市場份額僅次於頂新國際集團，而更爲雄偉的目標是到2017年，實現集團利潤六十倍的增長達到一千兩百億美元。在把握政府解禁令，進入幾乎是從零開始的民間麵粉廠，接著決定與日本日清製粉公司的合作進入，這其中的每一步都是經權思想的體現。

（2）銷售管道演變中的經權管道管理

由於產品線的擴展和業務範圍的不斷擴大，統一集團的銷售管道不斷的根據社會經濟、社會條件進行改善。

消費品的銷售管道，常用的大概有四種，即：零級管道（zerolevel channel）、一級管道（one-level channel）、二級管道（two-level channel）和三級管道（three-level channel）。零級管道是指，從製造商到消費者的直接銷售，即door-to-door selling。此管道中無中間商，可以說是最爲直接、最短、最快速也最易管理的管道，零級管道受歡迎的主要原因，是其彈性和適應性非常優秀。製造商的銷售代表與目標客戶有直接的接觸，行銷經理可以立即提供或者至少知道銷售的重點在哪裡，以及應該對銷售人員做哪些訓練和培訓；一級管道的銷售方式是製造商透過其自由的特別代銷處或自己擁有的零售店、服務站來銷售給消費者；二級管道是指製造商透過批發商、零售商來銷售給消費者，或製造者透過代理商、零售商來銷售給消費者；三級管道是最長且最不直接的管道，其中代理商因具有較廣泛的接觸面，可以同另一層仲介關係，其銷售方式是製造商透過代理商、批發商、零售商來銷售給消費者。

統一公司在1967年成立之初，臺灣正逐漸由農業社會轉爲工業社會，工商業仍不發達。居民購買日常用品的管道基本都在傳統市場或批發店、零售商店或批發零售店購買。此時統一公司採用的銷售管道集中於二階或三階管道，此種銷售管道持續了大約二十年。1978年，隨著市場環境變化，因同一產品逐漸增加，有些產品推廣產生阻力，所以統一公司成立營業所，進行商品推廣補強工作。1980年，由於當時部分經銷商因經營know-how及資本之限制，無法擴充營業規模，以致無法跟上統一的發展腳步。爲避免統一公司再次出現瓶頸，維繫統一公司與經銷商多年來的夥伴關係，統一開始出資與經銷商各做組成銷售公司，原經銷商老闆擔任董事長，統一則派任經理協助經營。這樣統一即通過當地零售商瞭解了當地市場環境和消費習慣，同時還協助經銷商提升經營技術，共同開拓市場、創造雙贏。

1981年開始，消費者多樣化需求，使得大眾化市場正逐漸轉變爲小眾化及分眾化市場，有個性、高品質的精緻商品，開始成爲主流。1982年爲因應管道結構的變化，並強化市場開發及零售點之服務，於是成立營業管理部，其後又相繼成立諮詢、奶粉、自動售貨機、國外等部門。1985年起，統一集團又將各事業部改爲群，群的主管可能是副總經理或者是助理，沒有固定的規則，以部門主管本身的資歷、管理經理來決定其職稱。統一企業組織改造後，合併成五個群及臺北分公司，功能式與事業群混合的組織也相應建立。

統一集團在創立初期的二十年來的行銷管道變化，整理如圖6-1所示：

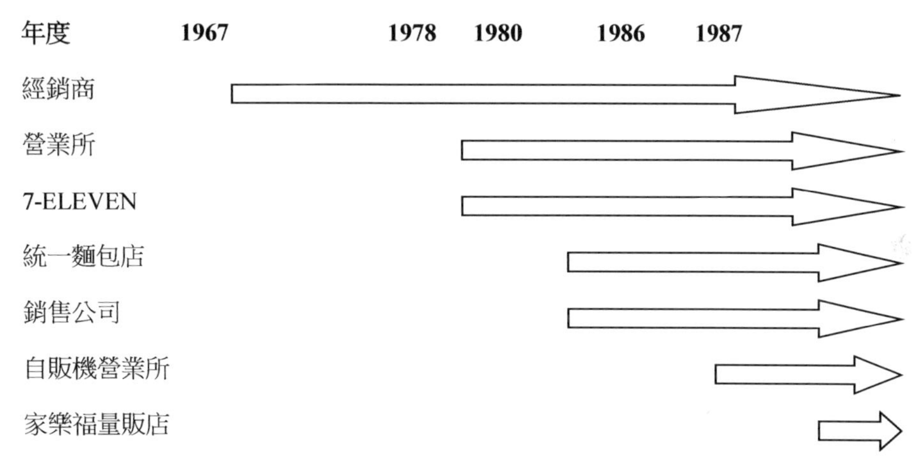

圖6-1 統一集團管道演進圖

從統一公司對銷售管道的調整看出，公司在發展過程中，隨著內外部環境的變化和社會政治經濟環境的變化而做出相應的調整，由原來單純依靠經銷商的經營方式，改爲成立獨立的營業所，又與7-ELEVEN連鎖商店聯繫，不僅實現了高清愿先生將現代化的連鎖商店引入臺灣的想法，更是將統一企業的宣傳廣告，植入行銷非常成功的7-ELEVEN的連鎖商店中。隨後通過成立自有品牌的統一麵包店、銷售公司和自動售貨機量販店來擴大其市場份額。這一切的轉變都展示了統一公司的本位觀和權變管理的《易經》思想。《易經》經權管理講究持經達權，重視企業審視自身所處的時間和空間條件，但是卻不拘泥於固定的模式和發展途徑，強調用應變的思想去適應不斷變化的時空和條件。統一在銷售管道轉變期所推行的不同的銷售方式，順利的實現了對市場環境變化的適應，保證了公司的穩步前行。

6.2.3.2 陰陽剛柔的統一

剛柔並濟，在統一集團的管理思路和實務方面得到了完整的體現。《易經》中的剛柔並濟原則強調，公司不應採取「剛」和「柔」管理的極端，在強調工程品質、技術監督、績效核查等剛性指標的同時，也要對公司內部進行柔性管理，具有彈性的公司才能擁有有力的彈力和擴張力，才能在「剛」性的約束和指導下，適時、適地、適宜的調整策略適應環境發展。統一集團不僅在發展方向上隨著環境的變化進行陰陽剛柔的調整，在內部組織結構上，也表現出驚人的調整力度。《易經》中體現出的陰陽統一觀，要求在人和組織的發展歷程中，強調事物的對立統一、陰陽和諧，以達到平衡和諧中獲得前進發展的狀態。

據臺灣統計資訊網2006年整理，臺灣的居民平均所得於1993年突破一萬美元，居民購買力大幅度提升，但是因爲競爭者水準的提升和臺灣地區市場的飽和，統一企業必須向國際化發展來突破囿於本地發展的瓶頸，依託具有優勢人力成本的東南亞國家和中國大陸地區，建立良性的國際分工與產業互補系統。統一根據東南亞國家的國內需求狀況，充分利用自身的優勢把握時機，分別於印尼、泰國、越南、菲律賓等國投資建廠，開始其國際化的步伐。生產者與消費者是對立統一的，只有保持二者的陰陽協調、和諧，才能使得雙方獲得持久共贏的狀態。

面對印尼的廣大的內需市場，統一與印尼的中央ABC食品公司合作，合資生產速食麵，初期統一持有股份49.63%。爲進入泰國的飲料市場，於1994年，統一在泰國投資Uni-President 綜合食品廠，該廠生產的產品主要以內銷爲主。在1998年，統一通過越南的西友超市進入其零售市場，以瞭解該地人們的消費需求狀況及特點；一年後，統一在越南開展飼料、速食麵、油脂和麵粉四種事業，其中的飼料廠與速食麵廠不但供應當地市場，還成爲統一進行外銷的生產基地。

統一在中國大陸的投資設廠，也是充分把握消費者的需求、不斷滿足其消費變化而持續提升其產品的市場佔有率。經過近二十年的發展，統一集團在中國大陸形成合理的佈局，如圖6-2所示：

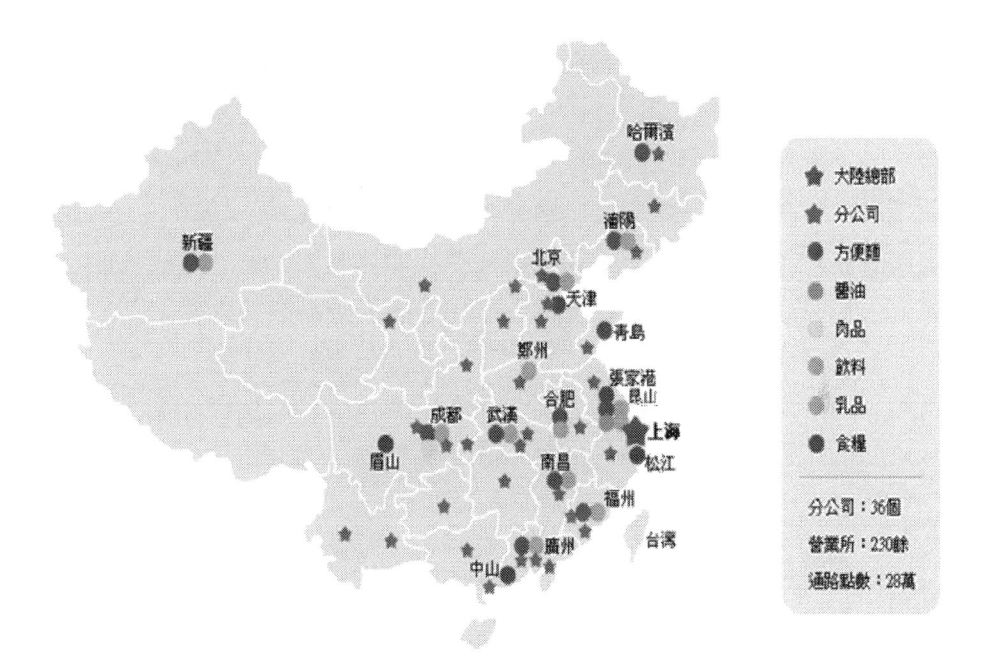

圖6-2 2006年統一集團在大陸的佈局2

6.2.3.3 應變創新

《易經・繫辭上》說：「富有之謂大業，日新之謂盛德，生生之謂易。」「富有」，顧名思義，就是所謂事物由小到大，由少到多，持續繁榮滋長。「日新」，就是《大學》所說的日日新，事物不斷變易創新。「生生」，事物不斷更新創生，永不停滯。

隨著科技的發展、時代的進步，面對市場、客戶需求的不斷變

---

2 http://www.uni-president.com.cn/about-4.asp

化，統一不斷更新產品，步步爲營，適時創新。中央研究所的設立，是其能不斷適應變化、滿足需求的重要源動力。自1967年成立以來，統一深深地感受到研究發展的重要性，最初是在工務部內設立研究單位，以飼料配方開發、麵粉研發及品質管理化驗爲研究重點。1972年將研究發展獨立、成立研究部，並設立實驗課、研究課、服務課，從事麵粉、飼料、油脂、速食麵、乳品、飲料等產品的開發研究，並於1987年擴編爲三研究部。1991年成立研究所，統一大量投資R&D經費，並擴編研究人力及設備，積極開發全新、機能性、高科技食品，爲邁向全球最大食品公司之一落實技術紮根。1996年，統一在上海昆山市成立大陸綜合研究所，並與東南亞如菲律賓、泰國、越南、印尼等分公司成立研究單位，負責當地產品的研發及品質管理需求。

中央研究所跟隨統一發展的腳步，迎合市場的需求變化，致力於新產品的研發及技術創新或引進，逐步積累食品核心技術和競爭力，並協助企業在市場及產業技術上，均領先同業，並建立了領導地位。中央研究所從事以下四項工作：

一是新產品開發。透過配方設計、調味技術開發出消費者喜愛的產品，同時利用對添加物的資訊掌握及應用技術，開發出具有差異化、獨特性、競爭力的產品。

二是新技術開發。中央研究所持續創新研發食品科技，賦予產品競爭力保證。如建立非油炸速食麵配方製程、生乳異味品評技術穩定乳源品質、建立茶飲料上游製程及原料農藥殘留管理，掌握關鍵技術以保持技術持續領先。

三是品質提升及改善。主要體現在產品保健功能及品質提升相關研發上，如建立低溫除菌技術保留鮮乳營養、開發免疫力提升菌種的LP33發酵乳、單細胞萃取技術保留茶葉的風味及成分。在分析研究上，建立危害因數與營養成分檢測技術，架構原料安全衛生的防護網，確保產品的營養及安全。

四是掌握原物料技術和降低產品成本。中央研究所在原料成本控管上，以技術觀點制定原料品質規格，並建立各種原料第二供應商的品質認證，破除價格聯合壟斷，擴大採購議價空間，降低公司營運成本。

就目前而言，統一的中央研究所共有一百多位成員，分別隸屬於六個研發部門：**食品開發一部**，負責速食麵、烘焙食品、鮮食、肉品、醬品、麵粉、食用油等研究開發；**食品開發二部**，負責茶、果汁、礦泉水、包裝水、機能型飲料、運動飲料等研究開發；**食品開發三部**，負責鮮乳、豆奶、優酪乳、調味乳、冰品、甜點等研究開發；**技術開發部**，負責包材、香料應用、咖啡、官能品評、統計市調、精密儀器分析、食品安全的研究；**生命科技研究中心**，負責保健食品開發、中醫學與中草藥應用、生化功能性驗證平臺等研究；**研究管理企劃室**，負責研究系統、專案管理、營養科學研究、智權管理及外界資源利用等領域。這充分體現了，統一在面對市場的不斷變化，能夠及時滿足消費者的需求。其龐大的研發隊伍及明確的分工、也正說明了統一爲什麼能在臺灣拔得頭籌，並在進入大陸市場後，能很快佔領市場份額，並成爲僅次於康師傅的第二大食品供應商。

6.2.3.4 中道企業文化

企業文化是企業成員共有的價值和信念體系。這一體系在很大程度上決定了企業成員的行爲方式。它代表了組織成員所持有的共同觀念。企業文化在企業發展中起到導向、維繫和約束的作用。因此企業文化在企業的成長、發展過程中，起著至關重要的作用。

統一的企業標誌是由英文字「President」的首碼「P」演變而來。翅膀三條斜線與延續向左上揚的身軀，代表「三好一公道」的品牌精神（即品質好、信用好、服務好、價格公道），另一方面也象徵以愛心、誠心、信心爲基礎，爲消費者提供商品及服務，以及產品其中創新突破的寓意。其底座平切的翅膀是穩定、正派、誠實的表徵。整個造型象徵超越、翱翔、和平以及帶向健康快樂的未來。同時，色彩也有其意義：紅色代表熱誠的服務、堅定地信心、赤誠的關注；橘色代表勇於創新、長於突破，及與食品聯想的滿足感、豐富感；銘黃色，富有溫馨、明快、愉悅的感情，代表了該品牌的期望。這種圖案整體明朗愉悅的暖色系，象徵健康快樂的未來與新鮮活力的期許。

《易經》中道思維的最高目標是「保合太和」，即達到最佳的和諧狀態。要求企業的經營者不僅要有愛心、誠信、資訊，還要為消費者提供質好、價格公道、健康的產品，最終實現的不單單是企業、消費者的共存發展，而且是與整個社會、整個自然的和諧發展，這才是企業的最高目標，即中道思維的保合太和。

自創業以來，統一集團一直秉持著創始人吳修齊先生提出的「三好一公道」的經營理念，並伴隨以多角化經營、宏觀眼光、重視人才等方針，兢兢業業地塑造出「誠實苦幹、創新求進」的立業精神。

（1）三好一公道——企業心靈的起點

吳修齊先生所宣導的「三好一公道」，是指「品質好、信用好、服務好、價錢公道」。

品質好，指的是要開發以「消費者利益」為導向的優質產品，讓統一的每一項產品都能達到國際一流的品質標準，甚至領先政府的合格標準規定，成為業界標竿，獲得社會肯定，成為消費者最安心的選擇。統一的品質政策是「全員參與品質創新，持續改善創造價值，滿足顧客期許」，每一位員工都很清楚知道「當品質與價格不能兩全時，以品質為先」，這已內化為員工一體的決策依歸，這也是吳修齊先生經營事業的初衷。只有在品質上贏得顧客的滿意，才能獲得他們的忠誠，才能為後續的產品推廣鋪平道路。

信用好，是要以誠懇、信實態度參與競爭與合作，獲得關係廠商的信賴；不違背良心製造有害健康、偷工減料的產品，不以不實廣告欺騙顧客；落實正派經營，「遵守君子協定，只要和人有約，就必須履行」的態度，讓所有與統一有接觸的人或企業，都建立其對統一品牌的絕對信任。

服務好，指的是滿足顧客的期望，抱持只要顧客有需要，就要服務到的服務心，建立共存共榮、穩健的經營夥伴關係，提供優質的產品服務，贏得顧客喜愛。

價錢公道，是要以賺取合理利潤爲理念，提供合理的產品價格，以追求童叟無欺的社會公道；並秉持「取之社會、用之社會」的態度經營，有盈餘就要回饋社會。

「三好一公道」的經營理念，由小到大、由內而外地落實於統一的每一個經營環節，使組織由內而外的徹底執行，而背後更深層的含義在於啓蒙每一位統一人的「正念善行」。對消費者的眞誠、對相關利益者的信用保證，回饋社會的經營態度，充分展現了統一的保合太和的經營目標。

（2）誠實苦幹——企業心靈的基石

「誠實苦幹」傳承了「三好一公道」，而成爲統一企業最爲重視的經營理念，這股力量推動統一企業同步、超越臺灣經濟成長以及奠定日後創新求進的基石。

以「誠」立身，以「實」待人，是「誠實」的內涵。每個崗位的統一人都自然流露出凡事正面、積極、肯定的態度，能以善爲念、以德爲心、以才爲用、以德立業、以德服人，只要心念對了，所做的事就沒有偏差；對外堅持正牌經營，與利益關係人建立並維持長久的友善關係，並以愛和關懷出發，關懷員工、消費大眾以及地球環境，在追求利潤的同時，更好回饋社會、員工和股東。

「苦幹」就是敬業精神，有創業者以身作則，感化每一位統一人發自內心地以認眞、負責、合群、守紀律、積極進取、奮發向上、終身學習和無私付出的正面人生觀，來迎接每一項工作的挑戰。團隊合作時，無論是上對下、下對上或同事間，都能互相信任與尊重，眞誠互動，常懷有感恩的心，在遭遇工作的種種難關時，這股敦促的力量自然讓全體腳踏實地、穩紮穩打地從容面對，發揮出團隊的最大潛力與效益。

另外，高清愿董事長「貧窮教我惜福，成長教我感恩，責任教我無私的開創」的人生體悟，也在潛移默化地影響每一位統一人的思維氣度，時刻提醒誠實的態度、苦幹（敬業）的行事，珍惜每一個的機緣，感恩每一次的萃煉，無私每一代的相傳。

（3）創新求進——經營統一大家一起來

1989年，林蒼生在統一企業創立二十周年時，審查時局變化，體認出企業經營務必以創意、創新來面對全球化的競爭，進而提出「創新求進」的理念，爲統一創業以來「三好一公道」、「誠實苦幹」的企業文化本質，加乘了具時代性動力的成長素質，是統一面對變遷與挑戰、更進一步探索人們內在深層需要的精神思維。

創新是要以領先的思維及做法，因應時代需求變化趨勢，要對新想法與新觀念保持開放的態度，對變局的反應保持彈性，提升企業經營的競爭力，參與國際競爭，達到永續經營的目的。同時發動組織全面與全員的創新，在追求既有領域創新的同時，更要領先同業，尋求突破性、破壞式的創新，讓「創新」深耕在每位員工的工作信念中。

創新不是口號，是要徹底執行，是一種觀念思維上願意改變、選擇改變、敢用改變去貼近滿足社會除了物質、形體、品質上的需要之外，進一步提升到精神、文化、心靈的需要的精神意志。觀念思維、經營範疇、營運模式上的勇於突破，必須周全計畫、執行力與速度三者的全力配合，進而達到「求進」的目的。

「經營統一，大家一起來」，同心協力、完美合作，秉承「誠實」爲處事信條，「苦幹」爲工作精神，不斷地在產品、經營上「創新求進」，以求提供消費者最體貼完善的產品與服務品質，爲達到「滿足消費者」的目標而努力，贏得所有消費大眾的信賴和尊敬，作爲企業永續經營發展的基石。

（4）開創健康快樂的二十一世紀

跨入二十一世紀之際，消費者的需求已由追求生存、追求生活的滿足，進步到重視生命的價值，統一企業更期許以「一首永爲大家喜愛的食品交響樂」、「千禧之愛」及提升「企業心靈」的經營哲學，強調「享受生命美好價值」，提供能夠滿足消費者身、心靈健康的產品和服務，集結團體共生的願望和力量，實現爲全球消費者開創健康快樂的明天的企業承諾。

6.2.4 統一集團中道管理的啟示

統一集團經歷了創業、茁壯、集團化、國際化、全球網路化的五個階段，並根據各個階段的外在環境的變化，不斷調整自己的重心，以使自身的策略與結構與當時的消費環境相匹配，並不斷創新，爲消費者提供「三好一公道」的健康滿意產品，時刻保持著「取之於社會，用之於社會」的經營理念。這正是中道思維的經權管理、陰陽統一、時中性和保合太和宗旨的完美體現。《易經》中所體現的中道思維，不僅僅給一個時代的商人和經濟參與體打上了烙印，更是給現在處於市場變動、西方的資本主義發展模式遭受挑戰的動盪時代中掙紮的企業，提供了一個十分重要的借鑒。統一集團的發展歷程，及其運用中道戰略思維獲得持續發展，都會給現代企業管理人以深刻的啓示作用。

（1）企業發展應適其時、得其宜。

經權管理是《易經》中道思維的管理內涵之一。經權之道可謂現代權變理論的重要思想源泉，其目的是在正確把握事物發展變化規律的基礎上，確定合適的管理策略和方法，有效實現管理目標。統一集團以食品製造起家，審時度勢，持續不斷拓展新的事業、順勢擴大，在適當的時機、於適當的市場、投入適當的產品或產業，並將既有的資源加以整合、運用與發揮，進而創造出乘數的效用。

現代企業的發展都面臨一種困境，即決策變化往往不能與快速變化的環境相協調，從而影響企業的經營業績，而戰略決策是否準確合適，除了取決於決策者的個人能力，更與當時的環境及企業與各利益相關者的關係息息相關。這就要求決策者在制定策略時應適其時、得其宜，善於把握有效平臺，根據不斷變化的情勢而隨時調整管理方式，做到「窮則變、變則通、通則久」，由此使得企業能長久經營，進而實現宏大的目標。

（2）企業應重視人本管理，並將其作為可持續發展的基本原則。

人才是二十一世紀企業相互競爭的焦點，企業只有重視人才、培養人才、留住人才，才能爲企業的持續發展夯實基礎。統一集團自始至終都重視對人才的吸納、培養和提升。統一集團對員工的培訓、教育，使得「三好一公道」、「創新進取」、「誠實苦幹」、「千禧之愛」──「最終生命、彼此關懷、樂觀進取、親近自然」的文化精髓深深影響著每一位員工。同時，對員工的工作成果會充分肯定，並給予相應的回報，並宣導出「經營統一，大家一起來」的思想。

統一集團在實施國際化步伐時，針對不同國家、不同地區的消費習慣及文化差異，最大化的實行人才本土化，培養當地的員工，進行業績考核，最終選拔提升，實現企業的本土化管理。因爲只有本土人最瞭解本土的文化、習俗，才最確實的瞭解怎麼在自己的國土裡去經營一個企業，怎樣與相關利益者打交道，最終實現企業的目標。統一集團在大陸發展已近二十年，二十年來有不少的大陸精英加入，同時也培養了大陸本土幹部，其在大陸取得的驕人業績，從側面反映了人才本土化的成功，人本管理的重要性。

每個公司在開拓市場的同時，都在逐漸的向更有利於可持續發展的方向前行，在此過程中，人本管理是任何一個企業所必須奉行的，因爲人才所代表的軟實力，已經成爲全球企業組織的競爭中焦點。《易經》中宣揚的人本管理，正是應和了重視人的力量、增強員工的責任感、企業加強人才競爭優勢的要求。

（3）企業及其領導者應居安思危，時刻保持創新意識。

《易經》中的思變觀，即啓示人們應具有居安思危的思想狀態，這種憂患意識不是杞人憂天、患得患失，而是一種洞察宇宙人生，肩負歷史重託的高度生存智慧和崇高的擔當精神。

縱觀統一集團的發展歷程，自創業生產麵粉、飼料以來，並沒有爲自己不斷取得的輝煌業績感到驕傲，沒有停止不前，而是在成長過程中，隨時注義時代的潮流演進、掌握消費者的生活變遷，持續不斷拓展新的事業、順勢擴大，在適當的時機、於適當的市場、投入適當的產品或產業，同時將既有的資源加以整合、運用、發揮，創造出了乘數的效應。目前，統一集團所從事的經營範疇，已經橫跨糧食群、乳飲群、速食群、綜合食品群、保健群和流通群。統一集團始終重視產品研發創新的重要性，最初在工務部設有研發單位，在1991年成立中央研究所，1996年在上海的昆山市成立大陸綜合研究所，同時在菲律賓、泰國、越南、印尼等分公司成立研究單位，分別負責當地的產品研發與品質管理需求。中央研究所現有一百多位人員，分別隸屬於食品開發一部、二部、三部，技術開發部，生命科技研究中心，研究管理企劃室六個研發部門。

因爲外界的環境是時刻變化的，而且是不以人的意志爲轉移的變化，只有企業或個人去掌握其規律、適應它，才能持續生存和發展。如果在某一時刻，企業獲得了一定的競爭優勢，而不繼續探索市場新的需求、新的變化，那麼它很快就會失去原有的競爭優勢，並被同行業的競爭對手甩在後面。

《易經》中道思維爲企業的居安思危、不斷創新提供了思想基礎，對企業立足於迅速變化的現代經濟環境提供了理論指導。如果企業能夠將《易經》思變觀適當地運用到企業的管理中，使得企業的每一個員工都有思變、創新的能力，企業才會因此具有長久發展的生命力。

第七章　研究總結與展望

TCL總裁李東生曾說過，「二十年前，中國企業家不看西方管理的書籍是無知；二十年後，還看西方管理書籍，那就是無能」。這句話切實反映了中國企業管理界的觀點。隨著經濟的發展，越來越多的學者、企業家發現，「洋爲中用」引進的管理方法開始出現「水土不服」，於是逐漸轉向中國傳統管理思想的研究。著名管理學大師杜拉克預言，「二十一世紀將是中國式管理大行其道的時代」。而作爲群經之首的《易經》，已被公認爲中國傳統思想的本源，研究《易經》及其所蘊含的豐富管理智慧，無疑具有很大的實際意義。

本文就是在對以往的《易經》管理學說進行綜述的基礎上，基於哲學、管理學、決策學等相關理論，採用文獻研究法、多學科交叉研究、歸納分析、案例研究法，對《易經》中道思維中所蘊含的決策思維進行探究，總結出《易經》中道思維與企業戰略決策的相關理論，並構建了《易經》中道思維戰略決策模型以更好地指導企業實踐。

7.1研究總結

第一，探究了《易經》中道思維的管理內涵。通過文獻搜索發現，學者們的研究大多集中在對《易經》管理思想的論述上，對《易經》中道思維雖有論述，但不夠系統和深入。本文由淺入深，在文獻綜述的基礎上，從《易經》「中」的思維、爻位「中」的思維、時位和合、三才之道和陰陽學說五個方面，對《易經》中道思維進行了進一步的系統研究。在對《易經》中道思維進行系統研究之後，本文將其管理內涵提煉爲「經權管理、人本管理、剛柔相濟和保合太和」四個基本要點，並通過臺灣和大陸的四個生動的小案例，對中道思維的管理內涵分別進行了很好的佐證，據此提出了《易經》中道思維對企業經營管理五個方面的啓示。

第二，從決策思維和決策者素質兩個方面，探究了《易經》中道思維蘊含的決策思想及其對企業戰略決策的啓示。通過研究發現，《易經》中道思維蘊含著「預測思維、整體與時中、人性管理和應變創新」四方面的決策思維，而在決策者素質方面，《易經》中道思維也提出了具體的要求。如果妥善地將《易經》中道思維蘊含的決策思想，運用到企業決策實踐中，無疑將對企業戰略能力的提升有很大幫助，因此，本文對《易經》中道思維對企業戰略決策的啓示進行了簡單論述。

第三，探索並構建了基於《易經》中道思維的戰略決策模型。關於《易經》管理思想的研究較爲繁瑣且大多就卦論述，並沒有揭示出《易經》深層次的管理思維，而且學者們對《易經》的研究，大多局限於管理思想和管理哲學的論述，在操作層面上缺少實際的指導意義。因此，本文從《易經》的中道思維決策模式出發，在與西方戰略決策模式詳細比較後，指出了傳統戰略決策模式的主要缺陷，例如決策標準過於偏重經濟標準、技術標準，忽視或輕視倫理標準、社會標準以及決策中的人性因素。在此基礎上，採用傳統戰略決策模型的科學決策程序，並將《易經》中道思維引入到傳統戰略決策理論，最終構建出基於《易經》中道思維的戰略決策模型，從而大大豐富和完善了傳統的戰略決策理論。在論文的最後部分，本文選取了康師傅和統一集團兩個典型案例進行實例研究，深入探討了中道思維在企業戰略決策中的可行性和重要性。

7.2研究局限

本文的研究基本上達到了預期的目標，得到了一些有價值的研究結論，但是也存在一定的不足之處，主要體現在以下幾點。

第一，由於目前學術界對《易經》管理思想的研究時間較短，而對《易經》中道思維進行專門研究的著作更少，幾乎處於一片空白。因此本文對《易經》中道思維的研究難度相對較大，這也直接造成論文對《易經》中道思維及其在戰略決策中的運用研究尚不夠成熟。如何多角度全方位的探究《易經》中道思維的決策模式，還有待進一步的深入跟蹤調查。

第二，實證分析不足。本文對《易經》中道思維的管理內涵以及中道思維的決策原則的總結缺少實證支撐。這主要是由於對《易經》管理思想在企業實踐中的運用研究尚處在初步階段，真正將《易經》中優秀的管理思想運用到企業實踐中的企業少之又少，這就對我們的實證研究形成了極大的困難，但這也正體現了《易經》管理思想的價值及本文選題的意義所在。

第三，本文研究集中於《易經》中道思維對企業戰略決策思想的影響，並在此基礎上提出了戰略決策模型，但其基礎仍是建立在西方傳統的科學決策過程之上，因此有待於我們進行更加創新性的研究

7.3研究展望

縱觀整個決策科學的發展歷程，容易發現當前傳統的決策理論始終偏重技術領域。而要解決當前企業戰略決策面臨的眾多實際問題，需要將哲學理論與決策科學有機結合，並對人性因素進行更多地研究。因此，通過對東方智慧之書《易經》的研究，將不斷完善現有戰略決策理論，並更好地指導企業的戰略決策實踐。本文對《易經》中道思維及其在企業戰略決策中的運用進行了初步研究。但實際上《易經》包含著相當豐富的管理思想，值得我們進一步對其進行挖掘研究。

第一，多角度多方位的研究總結《易經》中道思維蘊含的管理思想，並嘗試對《易經》中道思維的管理內涵以及戰略決策原則進行量

化研究，這將使得《易經》中道思維的管理思想更加完善和充實。而量化研究是建立在對《易經》中道思維的管理內涵進行全面梳理和總結基礎上的，在這一基礎上，我們可以考慮選取更多地典型企業進行實證和定量分析。

第二，將《易經》中道思維戰略決策模型運用到中國企業實踐中去，可以發現模型的不足進而爲模型的完善提供依據，使得模型能不斷得到修正並更好地指導中國企業實踐。

參考文獻

[1] Cyert,Willians,Organization,decision making and strategy：Overview and Comment[J].Strategic Management Journal,1993,14：5-10.

[2] Barry,Elmes.Strategy retold：Toward a narrative view of strategic discourse[J].Academy of Management Review,1997,22（2）：429-452.

[3] A.Bakir，V.Bakir.Unpacking complexity,pinning down the「elusiveness」of strategy：A grounded theory study in leisure and cultural organizations[J].Oualitative Research in Organizations and Management,2006.

[4] Zeleny.Autopoiesis：A Theory of Living Organization.North——Holland,New York,1981.

[5] Cray D.Mallory G R.Butler R J.et al.Explaining Decision Processes.J Manage Stud,1991.

[6] March J G.Decision and rganizations[M].Oxford：Blackwell,1988.

[7] Bourgeois，Eisenhardt.Strategic decision process in high velocity environments：four cases in microcomputer industry[J].Management Science,1988.

[8] Eisenhardt.Building theories from case study research[J].Academy of Management Review,1986.

[9] Wally.Personal and structural determinants of the pace of strategic

decision making[J].Academy of Management Journal,1994.
[10] Mintzberg H.The Manager』s Job：Folklore and Fact[J].Harvard Business Rev,1975.
[11] Simon H. Rationality in Psychology and Economics[J].Journal of Business, 1986,（59）.
[12] Miller,G. the Magical Number Seven plus or minusTwo：some Limits on our Capacity for Processing Information[J]. Psychological Review, 1956,（63）.
[13] Conlisk,J. Why Bounded Rationality[J].Journalf Economic Literature, 1996, （34）.
[14] Lindblom C E.TheSeience of「Muddling Through」[M].publiec Administration Review，1959,19：79-88.
[15] Nieholson Nigel.How hard wired human behavior[M].Harvard Business review，1998（4）：135-147.
[16] Mintzberg H.Waters J.A.Of strategies,deliberate and emergent[M]. Strategic Management Journal,1985,6（3）：257-272.
[17] Kaplan R.S,Norton D.P.Using the balanced scorecard as a strategic management system [J]Harvard Business Review,1996（1）：75-85
[18] Joseph,sarkis. A Strategic Decision Framework for Green Supply Chain Management [J].Journal of Cleaner Production, 2003, 4（11）：397-409.
[19] Kuhn,Thomas S.The Structure of Revolutions 3rd ed[M]. America：The University of Chicago Press，1996，14.
[20] 喬坤，馬曉蕾.論案例研究法與實證研究法的結合[J].管理案例研究與評論，2008，1：63-67.
[21] 王金紅.案例研究法及其相關學術規範[J].同濟大學學報（社會科學版），2007，3：87-94.
[22] 杜拉克，日內功.杜拉克看中國和日本（林克譯）[M].東方出

版社，2009.
[23] 蘇東水.東方管理學[M].上海：復旦大學出版社，2005.
[24] 黃寶先.《周易》的管理哲學論綱[J].周易研究，1997，（1）.
[25] E・策勒爾.古希臘哲學史綱（翁紹軍譯）[M].濟南：山東人民出版社，1996.
[26] 亞里斯多德，尼各馬科.倫理學（苗立傑譯）[M].北京：中國社會科學院，1999：37.
[27] 苗立傑.亞里斯多德全集：第8卷[M].北京：中國人民出版社，1994.
[28] 何勁松.創價學會的理念與實踐[M].北京：中國社科出版社，1995：179.
[29] 池田大作.走向21世紀的人與哲學[M].北京：北京大學出版社，1992.
[30] 成中英.C理論——中國管理哲學[M].北京：中國人民大學出版社，2006.
[31] 李鏡池.周易探源[M].中華書局，1978.
[32] 羅賓斯.管理學第7版（孫建敏譯）[M].北京：中國人民大學，2003.
[33] 飯野春樹.巴納德組織理論研究（王立平譯）[M].上海：三聯書店，2004.
[34] 占部都美.怎樣當企業領導[M].北京：新華出版社，2008.
[35] 揭筱紋.戰略管理原理與方法[M].北京：電子工業出版社，2006.
[36] 徐廣軍.周易如是說[M].中國經濟出版社，2009：34-35.
[37] 張路園，瞿華英.《周易》「當位」、「得中」思想探微[J].山東教育學院學報，2007，（1）：33-34.
[38] 林麗眞.周易時位觀念的特徵及其發展方向[J].周易研究，1993，04.
[39] 林忠軍.試論易傳的人本管理思想[J].中州學刊，2007，1.

[40] 陳恩林.論《易傳》的和合思想[J].吉林大學社會科學學報，2004，1.

[41] 何成正.初論周易管理理念之精要[J].桂海論縱，1995，4.

[42] 範玉秋.淺析周易智慧對現代企業管理的幾點啓示[J].消費導刊，2009，12.

[43] 謝慶綿.周易陰陽學說與管理之道[J].福建經濟管理幹部學院學報，1996.

[44] 王路軍.易經與決策[J].決策探索，1995，8.

[45] 陳雪明.周易與現代企業管理[J].交通管理，1997.

[46] 楊愷鈞.周易管理思想研究[D].復旦大學，2004，5.

[47] 穆曉軍.學易經通管理[M].北京大學出版社，2008.

[48] 魏傑.企業前沿問題——現代企業管理方案[M].北京：中國發展出版社，2002，142.

[49] 王愛國.高技術企業戰略管理模式的創新研究[D].天津大學，2006.

[50] 齊明山.有限理性與政府決策[J].新視野.2005，（2）.

[51] 朱志宏.公共政策[M].臺北：三民書局，1995.

[52] 朱伯良.易學哲學史[M].北京：華夏出版社,1995.

[54] 李春芳，張俊峰.《周易》中領導理念的開發和應用[J]殷都學刊，1993，（1）.

[55] 段長山.領導與管理思想概覽[J].中國青年政治學院學報，1991.

[56] 南懷瑾.易經雜說[M].上海：復旦大學出版社，2000.

[57] 謝軍，胡志勇.傳統哲學視角裡的「人本管理思想」[J].商場現代化，2006.

[58] 余敦康.易學與管理[M].瀋陽：瀋陽出版社，1997.

[59] 麻堯賓.《周易》與企業權變管理[J].現代管理科學，2004.

[60] 謝雪華.《周易》變易觀對現代管理創新的啓示[J].衡陽師範學院學報（社會科學版），2004.

[61] 王建平.《周易》管理思想探析[J].東莞理工學院學報，2005.

[62] 鄭萬耕.易學與現代管理的幾個問題[J].孔子研究，1998，（4）.

[63] 張文勝，熊志堅.中國傳統文化中經濟理論思想探源[J].商業研究，2003，（8）.

[64] 謝玉堂.《周易》哲理和現代權利決策層次的最佳組合,周易研究[J].1993.

[65] 劉大偉.周易理念與管理之道[A].段長山.周易與現代化[C].鄭州：中州古籍出版社，1992.

[66] 黃智豐.論和合文化與和合管理——東方管理「人爲」觀的探索[J].衡陽師範學院學報，2009，2.

[67] 蔡宜芳.統一企業在大陸的佈局與經營策略的研究[D].臺灣實踐大學, 2006.

[68] 謝金良.綜論我國古代易學及相關術數學的政治決策作用[J].周易研究，2003，（3）.

[69] 邢彥玲.《易經》管理決策模式分析[J].齊魯學刊，2007，（2）.

[70] 張鵬飛.《周易》的位勢論與現代管理[J].湖湘論壇，1998，（5）.

[71] 程振清.《易經》與現代經營管理之道[J].經濟管理研究，1995，（2）.

[72] 閔建蜀.《易經》的領導智慧[M].香港：香港中文大學出版社，2000.

[73] 王成.裴植.《易傳》在領導者道德素養陶鑄中的價值[J].周易研究，2001，（1）.

[74] 吳世彩.《周易》的經濟管理要義管窺[J].周易研究，2001，（1）.

[75] 易文文.周易「變」論與現代管理者素質[J].韶關學院學報（社會科學版），2003，（7）.

[76] 戴永新.周易的領導素質教育探微[J].管子學刊，2003，（2）.

[77] 史少博.《周易》中蘊含做人之道[J].社會科學論壇（學術研究卷），2007，（1）.
[78] 曾爲群.論《周易》的危險管理理論[J].南華大學學報（社會科學版），2001，（9）.
[79] 陳瑞宏.《周易》中的危機意識、危機理念及危機管理理論[J].當代經理人，2006，（9）.
[80] 蓋勇，徐慶文.《周易》視野下的管理倫理問題[J].周易研究，2003，（6）.
[81] 席酉民，尙玉釩.和諧管理理論[M].北京：中國人民大學出版社，2002.
[82] 王仲堯.易學與中國管理藝術[M].中國書店，2001.
[83] 吳世彩.管理易[M].甘肅文化出版社，2005.
[84] 周輔成，西方倫理學名著選集[C].北京：商務印書館，1964.
[85] 羅國傑，宋希仁.西方倫理思想史[M].北京：中國人民大學出版社，1985.
[86] 羅素.西方哲學史下冊[M].北京：商務印書館，1983：236.
[87] 許立帆.用東方管理的哲學要素剖析SK-II危機始末[J].企業活力，2009，3.
[88] 馮友蘭.三松堂全集：第一卷[M]．鄭州：河南人民出版社.1985：509.
[89] 李寶玉.《易經》陰陽和諧思想及其評述[J].求索，2008，（6）.
[90] 黃建榮.決策理論中的理性主義和漸進主義及其適用性[J].南京大學學報，2002年第1期第39卷：55.
[91] 周三多，鄒統釬.戰略管理思想史[M].上海：復旦大學出版社，2003：1——4.
[92] 陳智，朱明福，費齊.組織決策的過程和結構要素分析[J].決策和決策支援系統，1997.
[93] 張建林.快速戰略決策的理論和方法研究[D].華中科技大學，

2006.

[94] 戴偉輝，葉佳佳，李悝.基於MAS的高層管理團隊決策過程分析[J].科學學研究，2006.

[95] 孫海法，伍曉奕.企業高層管理團隊研究的進展[J].管理科學學報，2003.

[96] 西蒙.管理行為：管理組織決策過程的研究[M]·北京經濟學院出版社，1991·

[97] 余敦康.易學中的管理思想[C]·中國哲學論集,遼寧大學出版社，1998·

[98] 袁繼富.《周易》管理觀初探[J].內蒙古財經學院學報，2005，3（3）：84-86·

[99] 季羨林.天人合一新解[J].傳統文化與現代化雙月刊，1993，（1）：9-16·

[100] 蒙培元.略談《易經》的思維方式[J]·周易研究，1992（2）：33-36·

[101] 白毅.論中國傳統管理思想與西方管理學理論的現代糅合[J]·求索，2005·

[102] 秦勃·有限理性：理性的一種發展模式——試論H·A·西蒙的有限理性決策模式[J]·理論界，2006，（1）：78-79·

[103] 芮明傑.管理學：現代的觀點[M].上海：上海人民出版社，1999.

[104] 趙國傑.西方企業經營戰略研究的源流、學派與比較[J].管理工程學報, 1997（3）.

[105] 史少博.周易與企業管理[M].中國財政經濟出版社,2003.

[106] 朱伯崑.國際易學研究[M].華夏出版社,1997.

[107] 大前研一.企業家的戰略頭腦（楊燦煌譯）[M].臺北：書泉出版社，1989：40.

[108] 賈懷勤.孫子兵法之於「資料、模型與決策」[J].統計教育，2007（4）：4-5.

[109] 李廣海，陳通.有限理性投資決策模型的構建與實證[J].理論新探，2008（12）：28-30.
[110] 徐志銳.周易大傳新注[M].濟南：齊魯書社,1986.
[111] 程振清，何成正.《周易》的管理思想具有永恆的價值[J].殷都學刊，1993（1）：17-19.
[112] 張立文.《周易》對中國社會的影響[M].周易研究，2005（3）：3-9.
[113] 倪南.《周易》的內容、精神與智慧[J].江蘇省社會主義學院學報,2004，（02）
[114] 唐賢秋.《周易》中的「誠信」思想探微[J].廣西民族學院學報（哲學社會科學版）,2004，（03）.
[115] 劉興明.簡論《周易》和諧思想[J].理論學刊, 2006,（04）.
[116] 連劭名.論《周易》中的「義」[J].北京教育學院學報,2006，（01）.
[117] 關冬梅.《周易》與現代企業創新管理[J].技術經濟與管理研究，2008（6）：28-30.
[118] 葉冠成.《周易》中論管理工作的陰陽之道[J].殷都學刊，1993（01）：20-22
[119] 張軍夫.論《周易》的「幾」[J].廣西大學學報（哲學社會科學版），1986（02）：70-74.
[120] 李邦國.《周易》——古代管理學的萌芽[J].湖北師範學院學報（哲學社會科學版），1993（02）：23-27.
[121] 劉勤.《易經》之管理者哲學[J].社會科學家，2005，10：11-13.
[122] 朱熹.《周易》本義[M].上海古籍出版社, 1887.
[123] 韓德明.《周易》管理思想試探[J].中國文化研究，2004：142-147.
[124] 高原.《周易》管理學綜述[J].周易研究，2008（04）：88-95.
[125] 林忠軍.從《周易》 二重性質談《周易》 是古代管理學[J].哲

學研究, 2005,（3）.

[126] 蘇方,孔曉東.《易經》與現代管理[M].北京：西苑出版社, 2000.

[127] 羅熾.論易學與中國特色企業管理[A].劉大鈞.大易集釋[C].上海：上海古籍出版社, 2007.

[128] 謝軍,胡志勇.傳統哲學視角裡的「人本管理思想」[J].商場現代化，2006，（11）.

[129] 周止禮.《易經》門窺——《易經》與中國文化[M].北京：學苑出版社, 1990.

[130] 鄭萬耕.易學與現代管理的幾個問題[J].孔子研究,1998,（4）.

[131] 張文勝,熊志堅.中國傳統文化中經濟理論思想探源[J].商業研究,2003,（8）.

[132] 張淵亮.《易經》管理與盛德大業的建立[A].段長山.現代易學優秀論文集[C].鄭州：中州古籍出版社, 1994.

[133] 井海明.《周易》與管理[J].管理諮詢,2004，（7）.

[134] 王清德.《周易》與企業經營管理[J].管子學刊，1994，（4）.

[135] 李純任.《易經》領導思想初探[J].周易研究, 1994，（4）.

[136] 胡志勇.《周易》的領導藝術觀淺析[J].商場現代化,2006，（6）.

[137] 陳榮波.易經的管理理念[J].中國文化月刊,1988，第 109期.

[138] 羅移山.《周易》九卦義理與當代管理中的人格陶鑄[J].孝感師專學報, 1997,（3）.

[139] 吳聲怡,尹利軍,謝向英.《周易》思維與現代企業經營管理[J].福建農林大學學報（哲學社會科學版），2002，（5）.

[140] 閻潔.從象數角度談《周易》的管理思想[D].濟南：山東大學, 2006.

[141] 高亨.周易雜論[M].齊魯書社,2001.

[142] 蘇東水.中國管理通鑒[M].浙江人民出版社,1996.

[143] 蘇勇.現代管理倫理學[M].石油工業出版社,2003.

[144] 張岱年.論中國文化的基本精神[M].中國鐵道出版社,1996.
[145] 南懷瑾.《易經》繫傳別講[M].復旦大學出版社,1997.
[146] 李鏡池.周易通義[M].中華書局,1987.
[147] 錢穆.論語新解[M].三聯書店,2002.
[148] 唐華.易經變化原理[M].上海社會科學院出版社,1993.
[149] 張吉良.周易哲學和社會思想[M].齊魯出版社,2000.
[150] 南懷瑾.論語別裁[M].復旦大學出版社,1990.
[151] 周豹榮.周易與現代經濟科學[M].吉林人民出版社,1989.
[152] 殷涵.易經與用人藝術[M].人民日報出版社,2003.
[153] 劉大鈞.周易概論[M].巴蜀書社,1999.
[154] 楊維增，何吉冰.周易基礎[M].花城出版社,1994.
[155] 馮滬祥.中國傳統哲學與現代管理[M].山東大學出版社,1999.
[156] 朱伯崑.易學解析與致用[M].九州出版社,2003.
[157] 楊先舉.孔子管理學[M].中國人民大學出版社,2002.
[158] 潘雨廷.易與佛教　易與老莊[M].遼寧教育出版社,1998.
[159] 曾仕強.中國式的管理行爲[M].中國社會科學出版社,2003.
[160] 珍泉.易經的智慧[M].甘肅文化出版社,2004.
[161] 顏世富.東方管理學[M].中國國際廣播出版社[M].2000.
[162] 黃沛榮.易學乾坤臺北[M].大安出版社,1998.
[163] 潘承烈.企業家素質與經營戰略[M].廣西人民出版社,1986.
[164] 羅移山.周易義理與當代管理中的人格陶鑄[M].孝感學院學報,1997.
[165] 張善文.象數與義理[M].遼寧教育出版社,1995.
[166] 黃寶先.周易的管理哲學論綱[M].周易研究,1997.
[167] 黃壽祺.周易譯注[M].上海古籍出版社,2001.
[168] 尚秉和.周易尚氏學[M].中華書局,1980.
[169] 李鏡池.周易探源[M].中華書局,1978.
[170] 胡祖光，朱明偉.東方管理學導論[M].上海三聯書店,1998.
[171] 國際儒學研究會.儒學現代性探索[M].北京圖書館出版社，

2002.
[172] 高亨.周易古經今注[M].中華書局，1984.
[173] 黃智豐.論和合文化與和合管理——東方管理「人爲」觀的探索[J].衡陽師範學院學　報，2009，2.
[174] 張瑞敏2008年6月12日在沃頓全球校友論壇上的主題演講
[175] http：//blog.yam.com/ibench/article/6871666
[176] http：//news.sina.com.cn/c/2006-04-05/13308621298s.shtml
[177] http：//blog.yam.com/ibench/article/7539275
[178] http：//www.uni-president.com.cn/
[179] http：//www.masterkong.com.cn/

聲 明

本人聲明所呈交的學位論文是本人在導師指導下進行的研究工作及取得的研究成果。據我所知，除文中特別加以標注和感謝的地方外，論文中不包含其他人已經發表或撰寫過的研究成果，也不包含爲獲得四川大學或者其他教育機構的學位或證書而使用過的材料。與我一同工作的同志對本研究所做的任何貢獻均已在論文中作了明確的說明並表示謝意。

本學位論文成果是本人在四川大學讀書期間在導師指導下取得的，論文成果歸四川大學所有，特此申明。

博士生： 陳志明　　　　指導教師： 揭筱紋

致謝

歲月流逝，五年多的博士生活即將結束。回首這個承載歡笑與淚水的過程，雖然辛苦，卻還是有了一個較滿意的結束。在博士論文完成之際，滿懷感激之情寫這篇致謝，因爲在這過程中，得到了太多的關懷與說明，雖然隻言片語難以全部表達。

作爲一名從臺灣來到大陸學習的學生，除了多次飄洋過海、往返舟車勞頓外，兩岸相隔甚久，生活和成長文化背景多有差異，但也因此有機會交流學習到更多的優點，初來乍到也對這裡的環境比較生疏，四川大學的老師、同學給了我很多關心和照顧，減輕了摸索的時間，助我儘快進入專心學習的狀況。在此首先要感謝我的導師揭筱紋教授，在博士生活的艱辛歷程中，揭老師給了我無微不至的關懷與幫助。導師的學識、人品、人生態度、責任感及教學方式方法重塑了我的精神世界，給予我啓示，使我明白了，無論做什麼事情，都要踏踏實實，有付出才會有收穫，也更堅定了我努力學習和工作的信心與決心。在博士論文的寫作過程中，從選題、研究思路、資料收集到論文的寫作，都沁透著導師的心血，她的教誨將使我終生受益。語短情長，難以盡述感恩之心，唯有發奮進取，才能回報恩師之十一！

眞誠感謝我的授課恩師徐玖平教授、陳維政教授、毛道維教授、趙昌文教授，還要感謝所有教導過我的老師。特別是工商管理學院教授們在前往臺灣學術交流期間，還專程抽空指導我的開題報告，他們爲我的論文研究指引了方向、夯實了基礎，使得我的寫作變得視野開拓，在此表示衷心的感激！

感謝我的所有同學。我論文的開題、構思、設計、寫作過程中都得到了他們無私的幫助。感謝導師所締造的研究生團隊，包括已經畢業的和在讀的師兄師姐、師弟師妹們，我博士生涯的每一個階段，都離不開他們的幫助。在這個團隊中，我感受到了溫暖、關懷、成長與快樂。無論何時，我們的友誼將常在！

感謝論文調研過程中給過我幫助的企業和有關部門，同學、同事，他們的幫助使我的調研得以順利完成！

此外，在論文的寫作過程中，參考或引用了學界同仁的大量研究成果，絕大多數都以注釋或參考文獻的方式注明，但可能也有不慎遺漏之處，在此深表謝意!

最後，感謝我的父母及家人，他們永遠給予我無私的支持與關懷，是我學習與生活不盡的動力來源，希望我的所學能對社會產生貢獻，讓這個世界更和諧美好，我要將這小小的成績獻給栽培我的母校、我的老師、我的學伴和我的家人！

2010年3月

基於《易經》中道思維的戰略決策模型構建研究

陳志明

（四川大學工商管理學院，四川 成都 610064）

摘要：隨著中國經濟持續的高速增長，世界各國對中國式管理思想更加關注，越來越多的學者開始呼籲向中國傳統哲學尋找智慧。而《易經》被認爲是中國文化的根，中國傳統文化特有的思維模式、倫理觀念、價值系統等，都可以從《易經》中找到自己的源頭。本文從傳統戰略決策理論存在的問題入手，在對《易經》的核心思想——中道思維進行分析總結的基礎上，試圖將《易經》中道思維引入到戰略決策理論，並據此構建中道思維的戰略決策模型，形成具有中國傳統特色的戰略決策模式。

關鍵字：易經 中道思維 戰略決策 決策模型

隨著市場競爭程度的不斷加劇以及企業目標的進一步多元化，企業所面臨的決策客體和決策影響範圍越來越廣泛，決策環境越來越複雜，而要求企業做出重大戰略決策的緊迫性卻在不斷提高。近年來，國內引進了很多西方現代戰略決策理論，然而這些理論多宣揚理性、崇尚科學，在指導中國企業界進行戰略決策時，往往出現水土不服的現象。而與西方理性模式形成鮮明對照的東方非理性文化模式，主張人與自然的「天人合一」，注重自我修養和內心世界的平衡，強調人與人之間關係融合以及社會的和諧穩定。這些特點深刻影響了國人對於「戰略」的認識，並形成了具有中國傳統文化特色的戰略決策模式，因此對戰略決策理論的創新，提出了更高和更迫切的要求。

1. 傳統戰略決策理論存在的問題

企業決策是企業經營中的重要環節，它伴隨著企業發展的每一步驟，並滲透到企業戰略發展的每一個階段。現代決策管理技術的進步和企業資訊化的發展，無疑爲企業戰略決策提供了極大的支撐，然而隨著經濟的發展和社會的進步，企業面臨的決策環境已越來越複雜，企業需要考慮的因素，已不僅僅在於經濟效率和企業利益。西方傳統戰略決策的基本模式目前還是被認可的，然而研究傳統的戰略決策理論，我們不難發現，這些先進的決策理論和技術，對涉及經濟效率的經濟性決策意義重大，但對大量存在的涉及倫理和社會效益問題的非經濟性決策，就顯得愛莫能助。

傳統決策理論的主要缺陷，在於決策標準過於偏重經濟標準、技術標準，目前的決策理論研究，大都偏重於決策技術的研究，新的科學技術理論和工具（如數學、電腦科學、運籌學等）開始大量引入到研究中，而忽視對社會需求、人的心理等非理性層次上的研究，忽視或輕視倫理標準、社會標準以及人性因素。具體表現在：

第一，決策時考慮的只是企業自身的利益，而對消費者、供應者、競爭者、政府、社區公眾，乃至整個社會等利益相關者的利益考慮甚少，同時決策方案的制定、執行和效果的評價，也很少考慮到企業內部員工的利益及其滿意度。傳統決策理論的注意力，都放在如何提高生產效率上，決策理論主要考慮如何爲企業自身利益服務。

第二，無論是「最優解」還是「滿意解」，衡量的基本標準都是經濟績效，而對社會績效考慮不夠，最優解的提出是基於「經濟人」假設的，認爲人是從純利己主義出發，以利潤最大化爲唯一目標，並且人具有絕對理性，決策也是沒有成本的。滿意解並沒有否定這個假設，只是修正了後兩條，認爲人是具有有限理性的，決策也是有資訊、時間成本的。

第三，決策分析只包括經濟、技術、法律三方面的分析，而缺乏必要的非理性因素分析。傳統決策理論將大量的自然科學的成果，用於日常決策和重大戰略，在決策技術上取得了豐富的成果，但是，無論是人工計算還是電腦類比，分析的內容都是決策方案的經濟可行性、技術可行性，很少考慮到人的非理性對決策方案的影響，而實際上人才是企業決策和決策執行的主體。

我國經濟經過三十餘年的高速發展，取得了舉世矚目的成績。在經濟發展的過程中，企業管理取得了豐碩成果，大多數企業管理水準提高，管理現代化步伐加快，企業經濟效益明顯改善，但管理方式粗放等問題依然存在。現實中，很多企業經營者所面臨的企業決策難題在於：企業制定決策的理論和方法，都是從過國外引進的，由於中西方在文化、行爲方式等方面存在巨大差異，所以這些理論在實踐應用中常常會失靈，這就需要我們進行本土化的管理理論創新實踐。因此，對中國傳統文化的本源——《易經》進行探究，對其核心思想中道思維進行總結，並將其與西方的決策理論進行結合，總結具有中國傳統文化特色和適應中國國情的戰略決策模式，無疑對指導國內企業制定戰略決策定將起到積極的作用。

2.《易經》中道思維的內涵

目前，學術界對《易經》中道思維已有不少相關研究，然而這些研究尚處於起步階段。絕大部分學者在談及中道思維時，總是聯想到陰陽和諧，且都與儒家的中庸之道相聯繫。

著名易學專家李鏡池先生認爲，《易經》的中道思想有正確、度、內心等意義，且有「中」、「中行」、「中孚」等概念，還以爻位、兆辭顯示。《易經》乾卦提出的太和反映了和諧與剛柔協調一致，保持了最高的和諧。這種最高的和諧並非如道家所設想的那樣，是一種無須改變的既成事實，而是一種有待爭取的理想目標。[1] 其他學者如余敦康等人從和諧，適度等不同的角度論述了《易經》中道思想，但仍與李鏡池先生的觀點相似，認爲《易經》中道重在「中」，追求和諧，適度，剛柔相濟。

臺灣著名學者曾仕強教授在《大易管理》中提到，中庸之道簡稱「中道」，中道代表中庸之道。同時，他首次提出中道管理，並認爲中道管理就是合乎中庸之道的管理，目標在求恰到好處，以便安人。簡言之，中道管理就是依循仁、義、禮的道理，實施合乎人性的合理化管理，目標在求恰到好處，以便安人。在《中道管理》一書中，曾教授依據大學之道第一次提出了M理論——即中道管理理論，認爲管理的三向度，即「安人之道」、「經權之道」和「絜矩之道」。中道管理應以安人爲目標，依經權而應變，用絜矩（將心比心）來促成彼此的和諧合作。其目的就是要正本清源，洞悉人性，幫助各界管理者實施眞正適合中國人的中道管理。

綜上所述，「中」即居中之意，《易經》認爲「中」是不偏不倚，既不過分，又無不及，是結合兩個對立極端的最佳尺度，能夠將各種矛盾關係處理得恰到好處，最終使得事物處於合理、合適和和諧的最佳狀態。而《易經》中道思維除了以卦爻辭「中」、「中行」、「中孚」等闡述外，更以每卦各爻所處爻位進行顯示，以中爻多吉處處向人們宣揚中道思維，告訴人們只有保持「中道」，才能合乎自然的規律和法則，做到事事合理，吉多於凶。用宋玉（《登徒子好色賦》）的話講，就是「加一分則過之，減一分則不及」、「道止一中，過一分即是過，不及一分亦是過」（朱熹，《四書章句集注》）。

---

1 李鏡池.周易探源[M].中華書局，1978.

3. 《易經》中道思維戰略決策原則

《易經》是古代第一部關於預測與決策的書，它是占筮、預測、選擇的經驗教訓的記錄和總結，在原始宗教和原始行爲中，最早體現了遠古人民的決策過程與程序。從管理的角度來審視《易經》中道思維的哲學思想，我們也能得出其所蘊含的諸多決策內涵。

3.1「保合太和」原則

《易經》乾卦彖辭有「乾道變化，各正性命。保合太和，乃利貞」。《易經》中道思維認爲有序的管理是實現「太和」價值理想的必要途徑。在現實生活中，到處充滿著對立、摩擦和衝突，社會現實的不和諧，更加突顯了追求和諧理想的重要性。管理的必要性就在於改變現實的不和諧，因此管理者要時刻保持憂患意識，終日乾乾，以便化衝突爲和諧。成就卓著、前途光明的企業，其各級成員之間的關係一定是和諧融洽、配合默契，團體上下爲同一個目標而努力工作。與此相反，如果一個組織的成員之間不能和睦相處，互相詆毀輕視，則該企業最終將以虧損、失敗而收場。「保合太和」正體現了天地合一的精髓，體現了中國傳統的思維方式和價值理想，「太和」是一種和諧狀態，是系統組織者進行決策管理的最高目標。

決策是一個過程，必然涉及到組織的目標、方案的制定以及最終方案的選定。顯然，組織的目標會涉及到各方的利益，方案的制定以及選定都會涉及到各方的利益。因此，決策者——特別是高層領導決策的出發點至關重要。《易經》很強調天、地、人、萬物是一個有機的整體，明示天、地、人、萬物只有在高度和諧統一中，才能獲得最佳的存在狀態和發展方式。《易經》貴中尚和的思想，在爲管理者指出其發展方向的同時，也爲實現這一理想狀態提供了操作原則。《文言》指出「利者，義之和也，利物足以和義」。《繫辭下》也強調「利用安身，以崇德也」。《易經》認爲，宇宙人生變動不居、紛繁複雜，管理者在確定發展方向與目標時、在義利關係的選擇取捨上，應當堅持道義原則，堅持「以義正利」。目標純正，動機高尚，措施得力，組織有方，才能使得決策勝利，並達到決策的理想目標。

不同行業、不同規模的企業其管理目標是不同的，因此「保合太和」的內涵也是不一樣的，然而「保合太和」的基本精神和要求是一致的。《易經》主張天人合一，和諧發展；《易經》理念講和諧共處，要求企業在作出戰略決策時，不僅要考慮經濟效益還要兼顧社會效益，主張與自然不應對立抗爭，而應和諧、循自然規律求企業的發展，要求企業的發展順天應時，與大自然和諧相處，最終形成「天人合一」的最高境界。「保合太和」是企業現代管理的終極目標，也是企業作出戰略決策時應當首先遵守的原則，具有統領全域的作用。因此，「保合太和」既是企業戰略決策的最高原則，也是企業戰略決策績效的檢驗標準，即戰略決策的結果實現了「保合太和」的管理目標，則決策成果；若未達到該目標，則決策失敗。

3.2 權變原則

《易經》有「一闔一辟謂之變，往來不窮謂之通」，「變通者識時者也」，又說「通其變，遂成天地之文」，「易窮則變，變則通，通則久，是以自天佑之，吉無不利」。依此，生命之流本身遭遇窮困，爲了生存，勢必求變，而變的結果則是各遂其生，各盡其利。可見，《易經》中道思維還要求管理者應具有較強的應變能力，能夠敏銳判斷出主客觀環境的變化，同時，要敢於承擔風險，能夠根據這種判斷迅速調整管理策略，反之，若「智不足與權變」，最終是不能適應管理發展需要的。正如佛羅里達大學教授霍傑茨（R.M.Hodgetts）宣稱：「這一個新的十年中，環境的變遷太迅速了；作爲一位現代經濟人，不得不緊緊追隨這重大的變遷。」

企業戰略決策的制定是基於一定的環境條件下的假設，在戰略決策的實施中，事情的發展與原先的假設有所偏離是不可避免的。由於國家政策等外部條件的變化，戰略決策實施可能會與企業原有的經營戰略有衝突，則企業應將原先的戰略進行重大的調整，這就是企業戰略決策行爲的權變問題。其關鍵在於如何掌握環境變化的程度，如果在對環境發生並不重要的變化時就修改了原先的戰略，這樣易造成人心浮動，帶來消極的後果，但如果環境確實發生了很大變化而企業又沒有及時做出反應，仍堅持實施既定戰略，則企業終將失敗。權變觀念應貫穿於企業戰略決策行爲的全過程，它要求企業對內外環境的洞察力較強，對可能發生的變化及其後果，以及應變替代方案有足夠的瞭解和準備，以便企業有充分的應變能力。

艮卦象辭講到「艮，止也。時止則止，時行則行；動靜不失其時，其道光明」。而《易經》中解釋卦象爲「行其停，不見其人，无咎」。這是說不要盲動。在發展戰略上存在先發制人和後發制人，而且沒有哪一個模式更好，要根據情況而動。麥可・波特在《競爭優勢》談到率先行動者的優勢和劣勢，簡單講，率先行動者 有確立開拓者的聲譽，可以搶先佔有具有吸引力的市場位置等優勢。但需求不確定、技術突變、低成本模仿將會造成率先行動者不利。此外，適時而動要結合自身情況和外部環境。在競爭中，適時而動異常重要。《三十六計》第四計「以逸待勞」；「困敵之勢，不以戰；損剛益柔」。「損剛益柔」出自損卦。這裡以「剛」喻敵，以「柔」喻己，在競爭中當對方實力較強時不宜逞強硬拼，而應等對方鬆懈時採取行動。《孫子・虛實篇》：「凡先處戰地而待敵者佚，後處戰地而趨戰者勞。故善戰者，致人而不致於人。」

3.3 人為為人原則

人爲爲人是以人爲中心的管理思想。《易經》自始至終都在強調人的重要性。《易經》將每卦六爻分爲天人地三才，上兩爻代表天，下兩爻代表地，而中間兩爻代表人，象徵天道、地道和人道，其中人道居於天道和地道之間。天道與地道代表了客觀規律，但人的行爲並非只客觀規律，也有自己的主觀性，因此人的行爲是在天道和地道的客觀性基礎上加上了自主性，從客觀規律的卦象推出「吉」、「凶」、「禍」、「福」，然後根據主觀的判斷採取適當行動，從「趨吉避凶」來看，「中」的行動最爲恰當。《易經》認爲天人合一的境界需要人的不斷提高，達到天人地三才的統一。《易經》在整個思想體系中都體現了強調人的意志、創造性和自覺性的主體意向性思維，《易經》將天地人三才之道並提，表明了三才彼此間不可分割。

同時《易經》強調尙賢養賢，「尙賢」即在輿論上要崇尙人才、尊重人才，在實踐上要提拔人才、重用人才。「養賢」即在物質生活上要優待人才、照顧人才。在《易經》看來，能「尙賢養賢」，則「吉無不利」；不能「尙賢養賢」，則「必凶無疑」。如果將《易經》的「尙賢養賢」思想運用到企業的戰略決策中，則要求企業將組織中的人放在首位，將管理工作的重點，放在激發被管理者的積極性和創造性方面。在企業的戰略決策過程中，人爲爲人有兩個方面的表現：一是企業的戰略決策是由人來完成的，硬性的管理技術和方法，只是幫助決策主體進行決策的工具，因此應重視人在戰略決策中的作用，既要不斷提高人的決策素質，積極發揮人的決策作用，也要注意人的非理性因素等對決策結果產生的消極影響；二是企業戰略決策績效的衡量標準要以人爲中心，不僅要滿足企業的經濟利益，還要滿足企業內決策者、普通員工以及企業外的利益相關者的利益。決策結果成功與否，不能單靠經濟指標來衡量，也要關注與決策結果有關的人的滿意度。也就是說，企業的戰略決策是由人完成的，而決策的目標也要實現人的滿意。

3.4 剛柔相濟原則

《繫辭上》說：「剛柔者，立本者也。」陰陽剛柔是八卦的基礎，也是《易》的根本。在企業戰略決策中，剛是指與企業決策有關的硬性的約束條件，柔是指企業決策中可以變通改變的部分。在具體的企業管理中，不能走「剛」或「柔」的極端。企業的生產流程、品質標準和員工的績效考核指標等規章制度屬於「剛」的部分，其表現主要是決策方案有很強的任務指向，有嚴格的管理制度和獎懲機制，強調領導和紀律的權威性，而在「剛」的約束之下，需要適時、適地、適宜變通的部分也屬於「柔」。企業的戰略決策要注意運用剛柔相濟原則，以確保戰略決策能夠按時、按質完成。這就要求企業既要在決策制度、決策模式上進行標準化，又要適時適宜地對決策制度、決策方案進行修正完善。除此之外，企業高層領導在對決策執行團隊的管理上也要注意剛柔相濟，也就是說，既要有硬性指標對其進行約束，又要注意領導方式和決策方式的柔性。

4. 基於《易經》中道思維的戰略決策模型構建

4.1戰略決策過程

Zeleny（1981）認爲，戰略決策過程是一個高度複雜、動態的過程。在這個過程中涉及的因素包括大量的偶然性，面臨資訊收集和篩選、資訊搜索成本、不確定性、模糊性和各種衝突。西蒙、明茨伯格等人在探索決策過程方面做了大量的研究，但他們對決策過程的理解存在許多不同的觀點，對戰略決策階段或決策階段的劃分，也沒有形成統一的標準，其劃分結果也呈現出多樣化。Ansoff、Hubert等的研究認爲，決策過程一般要分爲五個階段：定向階段、評價階段、控制階段、緊張局勢的管理階段和綜合平衡階段。Ebert和Mitchell（1975）、Simon（1960）認爲決策制訂過程可以概念化三個階段：情報活動，設計活動和選擇活動。Simon在《管理決策新科學》一書中，對整個決策過程是這樣描述的：決策制訂過程的第一階段是探查環境，尋求要求決策的條件，稱之爲「情報活動」；第二階段是創造、制定和分析可能採取的行動方案，稱之為「設計活動」；第三階段是，從可資利用的方案中選出一條特別行動方案，稱之為「抉擇活動」。

雖然眾多學者對決策程序都提出了各自不同的觀點，然而這些不同的觀點背後也有相似的地方。本文保留了傳統決策模型的決策流程，吸收其簡潔、易於決策主體理解和使用的優點，也肯定了原決策流程的科學性和合理性。因此，中道思維的戰略決策要做到準確、即時、有效，同樣必須遵循科學的決策程序，即：第一階段，出現問題，分析歸納；第二階段，綜合研究，擬定方案；第三階段，審校方案，擇優執行；第四階段，實施回饋，修正決策。

4.2 模型構建原則

新的戰略決策模型是在傳統戰略決策模型的基礎上，對《易經》中道思維的創造性運用，因此模型的構建需要遵循一定的原則，以確保新的決策模型既能遵循科學的決策程序，又能運用《易經》中道思維的管理思想。要想實現上述目標，模型的構建主要需要遵循以下幾個原則。

（1）**科學性原則**。包括兩方面含義：一是模型設計合理，符合戰略決策的科學程序；二是模型的路徑設計要有邏輯性，即《易經》中道思維對戰略決策的影響方式要清晰明確。

（2）**可操作原則**。如果模型結構過於複雜，則戰略決策過程難以理解，模型將會失去實用價值；若結構過於簡單或者抽象，則有可能失去基本的指導意義。因此模型的設計應合理，簡潔而不失描繪對象的主要本質，詳細而不失運用的可行性。

（3）**層次性原則**。模型既要全面體現《易經》中道思維決策原則的運用，又體現各個部分對決策過程影響的層次性，即決策目標、決策團隊和決策程序對決策績效影響的層次性，需要在模型中得到全面體現。

4.3戰略決策模型形成

無論是組織還是個人，決策中出現失誤是不可避免的。但是科學的決策程序則能有效的減少不必要的決策失誤。通過對《易經》中道思維的戰略決策原則研究總結，在對現有戰略決策模型和戰略決策過程分析比較的基礎上，我們對基於《易經》中道思維的戰略決策過程和模式進行提煉，提出了《易經》中道思維戰略決策模型，如圖1所示。

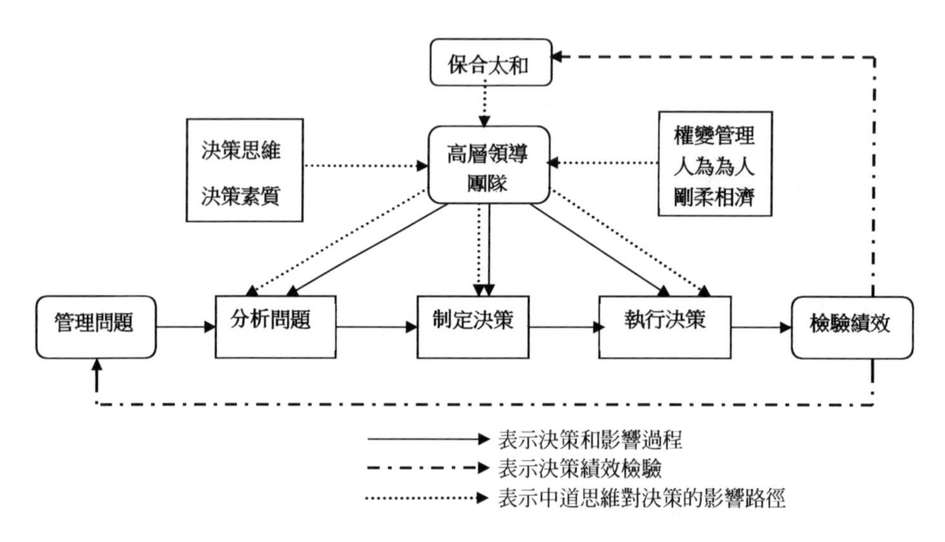

圖1 基於中道思維的戰略決策模型

決策過程是一個主觀反映客觀的動態認識過程，在這個過程中，每一階段都互相影響著，並時常產生回饋。因此，在上述戰略決策模型中，決策過程的每一步驟都是相互聯繫、交錯重疊的，在決策的時候，不能將決策的各個步驟工作截然分開，而且每一步都不可缺少。

5. 中道思維戰略決策模型解析

中道思維戰略決策模型的決策過程，仍然採用傳統的科學決策程序，因此其決策過程與傳統的戰略決策模型沒有很大區別。它的創新之處，在於將《易經》中道思維的管理內涵做爲戰略決策的原則，並以保合太和做爲最高決策原則和最高管理目標，將《易經》中道思維的管理精髓，運用到企業的戰略決策管理之中，即分析問題、制定決策和執行決策三個過程，以中道思維的管理內涵爲決策原則。歸根結底，中道思維戰略決策模型是從人性角度，完善了傳統的科學決策程序，將人性因素加入到企業的戰略決策之中，因此其決策不單純是理性和知識性的，也是智慧性和整體性的。

5.1 中道思維戰略決策的核心

企業的戰略決策是以領導執行團隊爲中心進行管理的。中道思維在戰略決策管理中的運用，便是通過領導執行團隊的決策管理來體現的。模型中戰略決策方案的形成及方案的優劣，主要取決於高層領導團隊的戰略決策水準，而其核心作用可以用圖2表示，圖2也是戰略決策方案的形成過程。

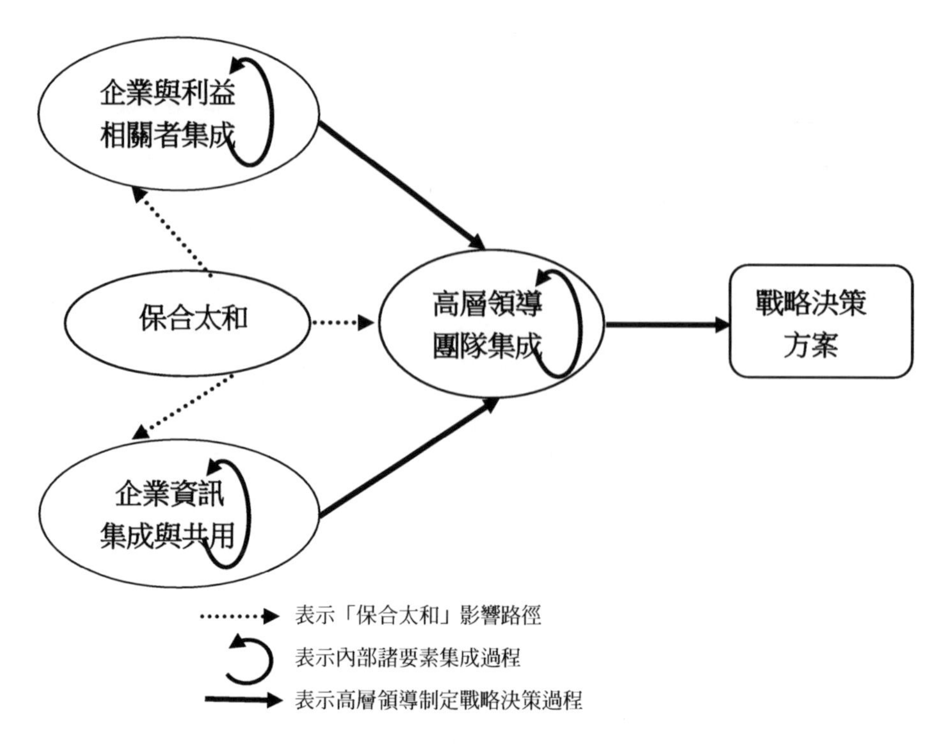

圖1 戰略決策方案形成模式圖

戰略決策方案的形成，主要取決於企業與利益相關者集成、高層領導團隊集成和資訊的集成三個方面，而在考慮到《易經》中道思維的影響後，本文將保合太和作爲三個集成的外部影響因素。而最終戰略決策方案的形成是以高層領導團隊爲核心，企業與利益相關者集成及企業資訊的集成最終是要集中到高層領導團隊，並最終由高層領導團隊制定出戰略決策方案。

5.2中道思維戰略決策的層次

中道思維的戰略決策模型主要有三個層次，這三個層次是以對戰略決策績效的影響程度，並結合《易經》基本思想進行劃分的，體現出《易經》三才之道的基本思想。第一個層次是模型的基本決策過程，即圖1中的最下一層。這個層次是中道思維戰略決策的基礎，象徵「地」。第二個層次是高層領導團隊，處於中間位置，是模型的核心和關鍵，對整個戰略決策過程起關鍵作用。高層領導團隊的決策是以第一層次的決策過程爲基礎，並受到更高層次的制約，象徵「人」。第三個層次是保合太和，是中道思維戰略決策的最高原則和最高決策目標，象徵「天」。根據《易經》三才之道思想，企業要實現戰略決策的最高目標「保合太和」，必須充分發揮「人」頂天立地的作用，通過人的不斷努力，來確保戰略決策過程的順利進行。「保合太和」是一個理想目標，它的實現需要人的不斷努力，一方面，決策者應努力提高自身的決策素質，另一方面應該遵循科學決策程序的基本規律。

6. 總結

本文在對傳統戰略決策理論存在問題進行研究基礎上，對《易經》中道思維的內涵及其決策原則進行了探究和總結，並最終構建了基於《易經》中道思維的戰略決策模型，對具有中國傳統文化特色的戰略決策模式進行了研究，以更好地指導企業實踐。然而由於對《易經》管理思想在企業實踐中的運用研究尙處在開始階段，眞正將《易經》中優秀的管理思想運用到企業實踐中的企業少之又少，因此本文對《易經》中道思維的戰略決策原則的總結及構建的模型缺少實證支撐。同時本文對《易經》中道思維在戰略決策中的運用研究尙不夠成熟，如何多角度、全方位的探究《易經》中道思維的決策模式，將是我們下一步研究的重點。

參考文獻

[20] Cyert,Willians,Organization,decision making and strategy：Overview and Comment[J].Strategic Management Journal, 1993,14：5-10.

[21] Barry,Elmes.Strategy retold：Toward a narrative view of strategic discourse[J].Academy of Management Review,1997,22（2）：429-452.

[22] 李鏡池.周易探源[M].中華書局，1978.

[23] 曾仕強.大易管理[M].北京：東方出版社，2005.

[24] 成中英.C理論——中國管理哲學[M].北京：中國人民大學出版社，2006.

[25] 羅熾.論易學與中國特色企業管理[A].劉大鈞.大易集釋[C].上海古籍出版社，2007.

[26] 吳鐵鑄.周易變易之道與管理權變之道[A].段長山.現代易學優秀論文集[C].鄭州：中州古籍出版社，1994.

[27] 余敦康.易學與管理[M].瀋陽：瀋陽出版社，1997.

[28] 麻堯賓.《周易》與企業權變管理[J].現代管理科學，2004.

[29] 邢彥玲.《易經》管理決策模式分析[J].齊魯學刊,2007,（2）.

NOTE

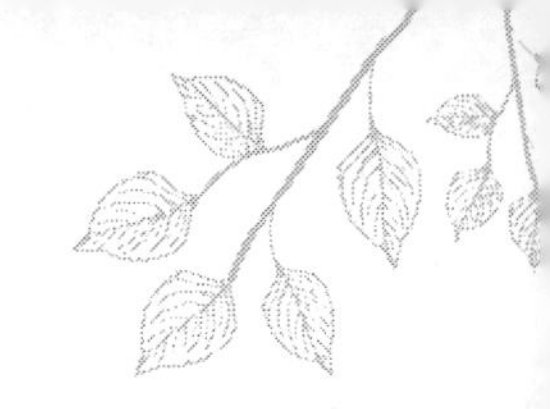

NOTE

NOTE

NOTE

NOTE

NOTE

NOTE

國家圖書館出版品預行編目資料

易經王者策略 / 陳志明著. -- 初版. -- 新北市：華夏出版有限公司, 2024.09

面；　　公分. - -（Sunny 文庫；348）

ISBN 978-626-7519-11-0（平裝）

1.CST：易經 2.CST：管理理論 3.CST：企業管理

494　　113010205

Sunny 文庫 348

易經王者策略

著　作　陳志明
出　版　華夏出版有限公司
220 新北市板橋區縣民大道 3 段 93 巷 30 弄 25 號 1 樓
電話：02-32343788　傳真：02-22234544
E-mail：pftwsdom@ms7.hinet.net
印　刷　百通科技股份有限公司
電話：02-86926066　傳真：02-86926016
總 經 銷　貿騰發賣股份有限公司
新北市 235 中和區立德街 136 號 6 樓
電話：02-82275988　傳真：02-82275989
網址：www.namode.com
版　次　2024年9月初版一刷
特　價　新台幣 450 元　（缺頁或破損的書，請寄回更換）

ISBN-13：978-626-7519-11-0
《易經王者策略》由陳志明先生授權華夏出版有限公司
出版繁體字版